★★★★★

五星级

开运

彩妆

书

何琼 / 主编

U0248140

海峡出版发行集团
THE STRAITS PUBLISHING & DISTRIBUTING GROUP | 福建科学技术出版社
FUJIAN SCIENCE & TECHNOLOGY PUBLISHING HOUSE

图书在版编目（CIP）数据

五星级开运彩妆书/何琼主编 .—福州：福建科
学技术出版社，2012.12
ISBN 978-7-5335-4126-2

Ⅰ . ①五… Ⅱ .①何… Ⅲ .①女性 – 化妆 – 基本知识
Ⅳ . ① TS974.1

中国版本图书馆 CIP 数据核字（2012）第 233430 号

书　　名	五星级开运彩妆书
主　　编	何　琼
参　　编	牛　雯　刘奇芳　黄熙婷　陈登梅　魏孟囡　李利霞　张佳妮
	胡　芬　李先明　刘秀荣　吕　进　马绛红　彭　妍　宋明静
	张宜会　周　勇　李凤莲　林　彬　杨林静　段志贤　王汉明
出版发行	海峡出版发行集团
	福建科学技术出版社
社　　址	福州市东水路 76 号（邮编 350001）
网　　址	www.fjstp.com
经　　销	福建新华发行（集团）有限责任公司
印　　刷	福州华悦印务有限公司
开　　本	889 毫米 × 1194 毫米　1/24
印　　张	7
图　　文	168 码
版　　次	2012 年 12 月第 1 版
印　　次	2012 年 12 月第 1 次印刷
书　　号	ISBN 978-7-5335-4126–2
定　　价	29.50 元

书中如有印装质量问题，可直接向本社调换

PART1 七秒第一印象，好运女孩很会"妆"

2　彩妆真能开运吗
3　开运彩妆有心理暗示
4　开运必知五大彩妆秘笈
5　开运彩妆修饰妙法大揭秘
7　不要带衰！封杀易犯开运彩妆禁忌
8　彩妆细节助你顺利开运

PART2 十二星座彩妆秀，画出场合靓妆来

♈ 白羊座
10　第一组：热情少女范
13　第二组：梦幻熟女范

♉ 金牛座
16　第一组：悠然自得范
19　第二组：美艳执著范

♊ 双子座
22　第一组：冷艳魅惑范
25　第二组：甜美活泼范

♋ 巨蟹座
28　第一组：唯美精灵范
31　第二组：清爽裸妆范

♌ 狮子座
34　第一组：橙色个性范
37　第二组：亲和佳人范

♍ 处女座
40　第一组：完美气质范
43　第二组：优雅名媛范

♎ 天秤座
46　第一组：绚丽彩眼范
50　第二组：摩登中性范

♏ 天蝎座
53　第一组：电眼美女范
56　第二组：俏皮魔女范

♐ 射手座
59　第一组：娇美淑女范
62　第二组：阳光活力范

♑ 摩羯座
65　第一组：纯真森女范
68　第二组：前卫狂野范

♒ 水瓶座
71　第一组：活力撞色范
74　第二组：甜美日系范

♓ 双鱼座
77　第一组：清纯浪漫范
80　第二组：花园女孩范

PART3 五行开运彩妆秀，气色自调好幸福

★ 五行缺金
84 第一组：唯美少女范
88 第二组：精致名媛范

★ 五行缺木
91 第一组：清幽假期范
94 第二组：可爱活泼范

★ 五行缺水
97 第一组：温柔美人范
100 第二组：韩式粉红范

★ 五行缺火
103 第一组：娇艳诱惑范
106 第二组：热辣性感范

★ 五行缺土
109 第一组：耀眼公主范
112 第二组：高贵撩人范

PART4 阴阳协调彩妆秀，脸型五官巧遮缺憾

116 肤色暗沉，绝美底妆来解救
119 修饰肤色不均，手法刷法很关键
122 扁平脸变立体，闪亮变身成美女
125 修补眉尾，把不完美变完美
128 双眼无神，眼线让你判若两人

131 内双眼也能画出迷人眼妆
134 睫毛稀疏，让自然美睫拯救你
137 嘴唇偏薄，变换饱满靓唇更诱人
140 让五官变精致，苏醒沉闷脸庞

PART5 护肤很关键，彩妆清透福气来

144 彻底清洁，肌肤才好轻松上妆
146 细致补水，飙升肌肤保水力
148 眼部滋养攻略，守护"睛"彩双眸
150 全效面霜，激活青春原动力

153 防晒，妆前护肤最关键的一步
156 点擦隔离霜，打造肌肤完美防护层
159 清洁无残留，卸妆步骤一二三
163 六步去角质，塑造水晶肌

七秒第一印象
好运女孩很会

"妆"

★ 彩妆真能开运吗 ★

　　彩妆与好运有何关系？相信每一位懂得精心化妆的女孩都会有这样的体验：细致描画出靓丽的妆容之后，能直接改变别人对你的印象，不仅能拥有更佳的人缘，而且在情场与职场上也能变得顺风顺水。没错，只要抓住五官优点、个人气质、趋吉避凶的化妆重点，就能达到彩妆开运的效果。

什么是开运彩妆

　　在运势不佳的情况下，比如五行有缺失、星座运势进入低迷期等，利用化妆的方式修饰自己的不足之处，进行五官视觉上的调和，借此来增加自己的信心，这就是开运彩妆。同时在化妆手法上，还应利用轮廓、线条、色彩等元素，让自己的脸部呈现出红润光彩和迷人魅力，从而开启美好的运势。

开运彩妆的核心

　　这个世界每一天都在发生变化，我们的运势也会跟着改变，运势发展的好与坏直接关系着每个人的前程大道。而开运彩妆的核心则是利用化妆带来的美好感受，让自己充满积极向上的正面能量，建立新的美好形象，改变因不修边幅而缺乏自信的生活，改善不尽如人意的人际关系，带来甜蜜的桃花运和源源不断的好财运，进而带来好运势。

化妆不等于开运

　　化妆虽然是开运彩妆的必要元素，但化妆并不能跟开运直接画上等号，因为并不是任何妆容都能带来好运气。比如妆容不佳、妆容不合适、妆容与造型不协调，都可能会破坏原有好运势，给旁人带来不佳的观感，从而引来不必要的负面效应。所以，要想借由彩妆开运，还必须学会正确的化妆方法。

★ 开运彩妆有心理暗示 ★

即便你真的不了解开运彩妆，但是在化妆习惯上有意识地改变一下，也能起到一些作用，因为这种积极的暗示能给你带来扫除衰运的能力。但仅满足这一点是不够的，全面学习尤为重要，不过还要把握以下几个重点。

相信开运彩妆

首先必须建立起对开运彩妆的信心，在心理上把开运彩妆转化为一种"美丽信念"，用这种信念来改变自己对彩妆的固有看法，进行一种正面的思考和行动，你就会比别人拥有更多的美丽与机运。

开运彩妆并不难

很多靓丽的美妆固然让人羡慕，但其繁琐的步骤往往令人望而却步，使得对彩妆不在行的女孩，甚至会觉得开运彩妆比一般彩妆还要难。实际上，开运彩妆就是一种生活妆，它简单而且易于操作，甚至比流行彩妆更容易理解。如果你对开运彩妆完全没有概念，只需要知道开运修饰妙法即可。

改变"旧"习惯

如果你对彩妆已经有了一点基础，甚至还是时尚彩妆的粉丝，那么这时不妨更进一步，改进化妆习惯和化妆逻辑。因为有些前卫的彩妆描画手法往往跟开运彩妆的效果背道而驰，不合时宜的妆容甚至会给你招来"烂桃花"和负面影响。

★ 开运必知五大彩妆秘笈 ★

对于一般的彩妆而言，正确描画就能达到理想的效果；但开运彩妆不仅借由彩妆给人带来美好靓丽的面容，更融合了星座、五行、脸部调和等方面来旺气开运、趋吉避凶，让好运提前来向你报到。下面先来了解一下五大彩妆开运秘笈吧。

秘笈一
底妆明亮

开运彩妆讲究脸部底妆无瑕、细致清透，避免底妆暗哑、肤色不均或太深。如果肤色太深，底妆看起来脏脏的反而不佳。

秘笈二
适中即可

很多女性喜欢追求完美，如为了在底妆中看不到一点瑕疵，而使用过多的粉底或者遮瑕产品进行修饰；为了改变眼形而描画夸张的眼线；为了让眼妆看起来更绚丽多姿，而使用多种色彩，实际上开运彩妆讲究的是淡雅自然，太过反而只会达到反效果。

秘笈三
色彩协调

开运彩妆所使用的色彩可能并不与流行相挂钩，也不会使用大牌彩妆品的当季流行色，更不会像打翻彩妆色盘一样，把颜色都堆在一起，往往可能只是用一种有开运效果的幸运色来调和晕染，这既能达到最佳效果，也最为协调。

秘笈四
没有既定顺序

很多经常化妆的女孩子会有自己的习惯，如底妆完毕之后就描画眉毛，接着眼妆、唇妆、腮红，而在开运彩妆中，可能会颠倒这种顺序，有时候眼妆完成之后才调整眉妆，有时候先粘贴假睫毛，再涂抹眼影。

秘笈五
步骤不一定完整

完整的妆容应该包含从粉底、遮瑕、修眉、画眉、眼部打底、眼线、眼影、睫毛、唇妆、腮红等。但开运彩妆并不如此，如果脸上只有少数的缺点，比如修补一下眉形，那么可能再稍稍涂抹唇彩和腮红就完毕了，只要能够表现你的良好气质和美态就行。

★ 开运彩妆修饰妙法大揭秘 ★

　　运用星座学和五行生旺的原理，将各种色彩融入到彩妆之中，运用色彩的能量以及独特的开运化妆法，稍微调整五官中一些不柔和处，就能为你开启全方位的桃花运、事业运、财运以及贵人运，让你成为美丽和运气兼备、幸福和快乐并存的洋气小女人。

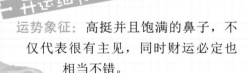

开运细节一：印堂

运势象征： 印堂在两眉之间，此处代表着一个人的整体运势，跟事业以及前途息息相关。

彩妆开运技法： 如果在两眉之间有杂毛，必须要用专用的修眉刀将杂毛除去；之后在此处刷涂上能提亮的高光粉或粉色的腮红，能起到让职场顺利、前途光明的作用。

开运细节二：鼻子

运势象征： 高挺并且饱满的鼻子，不仅代表很有主见，同时财运必定也相当不错。

彩妆开运技法： 很多女生在鼻子上都会有小黑头，日常在护肤上要注重清洁工作，否则黑黑的鼻头会阻挡财运，尤其是在鼻翼两侧，俗称面部的"财库"之处，更要细致光泽才能聚财。

开运细节三：颧骨

运势象征： 颧骨是脸部最明显的轮廓之一，而且此处还代表着一个人的权力和社会地位。

彩妆开运技法： 如果颧骨太大，自然就会形成一种很强势的感觉，这种情况就应该用深色的粉底来修饰一下，然后使用咖啡色的腮红来淡化颧骨的视觉冲击，从而带给人一种比较亲切、温和的感觉。

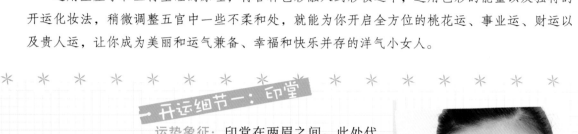

运势象征：眼睛可以直接看出一个人的运势。如果眼睛无神，会给人消极被动的感觉；如果两眼之间距离太窄，会让人觉得此人气量太小，运势也受到局限。

彩妆开运技法：可以利用眼影来略加修饰，让眼睛更有神，其中浅色的眼影可以加宽眉眼的距离，给人大方明亮的观感。

运势象征：眉毛既是眼睛的框架，也能为面部表情增加力度，同时它也代表着一个人的个性和感情。

彩妆开运技法：定期修整眉形，可以让你的爱情更加甜美；如果你非常注重事业，可以在眉尾2/3的地方画上眉峰，让眉毛呈现一个反弓形，会有"蓄势待发"的好运出现。

一 开运细节四：眼睛

一 开运细节五：眉毛

一 开运细节六：奸门

开运细节七：嘴唇

运势象征：奸门（夫妻宫）在太阳穴下，代表了一个人的感情生活，此处保持平整光亮，才会有良好的感情运势。

彩妆开运技法：在底妆中可以在此处涂抹一层较为白皙明亮的粉底，然后刷涂一层修容粉，就能强化爱情和家庭综合运势。

运势象征：嘴唇是富贵的象征，如果唇色晦暗，就会影响事业运程；要是干燥脱皮，还代表着桃花运的缺失。

彩妆开运技法：任何季节都要涂润唇膏，保持嘴唇的滋润；要加强桃花运，桃色系、粉色系的口红效果最佳；若想在职场中有更好的表现，可涂抹裸粉色。

★ 不要带衰！封杀易犯开运彩妆禁忌 ★

开运彩妆虽然简单，操作起来也比较容易轻松上手，但是要画得好、画得美、画出好运势，绝对是一件很值得探究的事情。下面的六大开运彩妆禁忌，就应该尽量避免。

⌄禁忌一
底妆偏黄

底妆偏黄、偏暗沉，看起来气色不佳，甚至还会让人担心你的健康状况，这都是非常不吉利的事，甚至效果比素颜还差。因为完美的底妆可以让脸庞呈现出好的气色，带来极佳的气场。

⌄禁忌二
粉底太厚

粉底太厚，一来是涂抹手法不到位，二来可能是为了达到良好的遮瑕效果所致，这两者造成的结果只会让底妆看起来不清透，过不了几个小时，脸上的干纹就会出现，造成反效果。

⌄禁忌三
选错眉形

眉毛能够让脸部的表情更丰富，还能很好地修饰脸部轮廓，让你看起来更加可人，好运自然相随。但眉形杂乱无章，或者是个断眉，则会让人看起来没精神，更别提开运了。

⌄禁忌四
眼睛过大

很多女孩子在化妆的时候，都想要把眼睛画大一点、再大一点。其实根本没必要追求这么极致，只要眼睛大小适宜，黑白分明，有神即可。有时候把眼睛画得太大，往往会招来很多"烂桃花"。如果你想要好姻缘，柔和自然的眼妆最佳。

⌄禁忌五
眼妆浓烈

浓重的烟熏妆的确能使女性看起来非常妩媚妖娆，但是在开运彩妆上，眼部色彩应尽量保持一种很明亮的状态，以亮色系的眼影为佳。除非你是想参加聚会，或者之前没尝试过，想来一个让人耳目一新的靓丽效果。

⌄禁忌六
唇妆不佳

唇部没有做好保养工作，有干纹或者唇纹明显，不够水润，或者唇色紫黑，没有红润感，都代表着生病的征兆，这样好运气自然不会来临。娇嫩显色的唇妆，或者性感丰满的双唇才最是动人。

★ 彩妆细节助你顺利开运 ★

描画开运彩妆其实跟描画生活妆一样轻松，不需要太多的时间。把握一些彩妆细节，会让你的妆效更加完美，而在不断尝试的过程中，你也许还会形成自己对开运彩妆的独特创意。

妆前保养

化妆之前一定要做妆前保养，细致的妆前保养让肌肤水润柔滑，肤色匀称一致，肌肤的能量和活力也仿佛被深深唤醒。

完美底妆

精致的完美底妆使肌肤的整体颜色变得明亮，没有一点瑕疵和暗沉处，之后再进行描画开运彩妆，一定会达到闪亮的效果。

秀美眉妆

秀美的眉形与脸型极为相称，眉色跟发色相近，其轮廓深浅有致，延伸的弧度自然而优雅，透露出不容忽视的高贵气质。

电力眼妆

完美的眼影色彩，流畅自然的眼线，卷翘动人的浓密睫毛，如此深邃迷人的双眸，微微一抬眼就电力十足。

立体唇妆

唇形饱满动人，唇色像樱桃一样透露出自然的红润，这样像水一般柔润的粉嫩红唇会令你像洋娃娃一般可爱。

细节修饰

轻轻蘸取腮红，在无瑕的脸庞扫上一抹健康的红润，不仅让整个五官轮廓更加立体动人，还能让整个彩妆更加完美无瑕。

PART 2

十二星座彩妆秀，画出

场合靓妆

来

白羊座

3月21日～4月19日

白羊座明星代表：
徐静蕾

白羊座彩妆标志：
张扬&美艳

白羊座彩妆开运指数：
★★★★★

第 一 组
热情少女范

开·运·指·点

　　白羊座的女孩勇猛果敢，什么事情都要做到极致。其实大可不必，偶尔"折腰"一把，说不定能带来更佳的运气。这里就给白羊座女孩推荐一款简单易上手的粉色妆容，为果敢的白羊座增加一抹少女情怀。

妆容重点以粉色的眼影为主色调，以突出白羊座女孩热情、爽快的性格，不需要夸张的眼线和浓密的睫毛膏，画上这个淡淡的彩妆你就能变得青春无敌。

💙 彩·妆·DIY

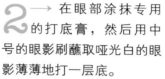
2 ⟶ 在眼部涂抹专用的打底膏，然后用中号的眼影刷蘸取哑光白的眼影薄薄地打一层底。

3 ⟶ 接着用眼影棒蘸取桃红色的眼影，涂抹在上眼皮，在靠近睫毛处可以多涂两笔。

4 ⟶ 另外一只眼睛也要涂抹，尽量做到眼头淡、眼尾稍微浓。

1 ⟶ 首先将粉底霜涂抹在手部虎口处，用手指将粉底霜晕开，然后再用化妆海绵蘸取后涂抹在脸上，之后再涂抹散粉定妆。

贝玲妃无瑕疵粉底霜

5 ⟶ 用防水、防油的眼线笔在靠近睫毛根部画上眼线，再描画下眼线，靠近眼头要逐渐变淡。

7 → 选用中号的眼影刷，蘸取一点点的白色眼影，在眉弓骨轻轻扫上一笔，让眼部轮廓更迷人。

6 → 然后用眼线液在描画好的眼线上，再涂抹一层，让眼线更加明显，眼部显得更加有神采。

8 → 在下眼角至眼中处，刷涂一点银色的眼影，让眼部妆容更显闪耀。

以扇形的手法扫上腮红更美呢！

爱肯镜面
光感唇彩

9 → 沿着下颌骨向颧骨处以扇形的手法扫上粉色的腮红，让脸部气色看起来更好。

10 → 在唇部涂抹富有光泽感的粉色唇彩，让整体妆容凸显少女气息。

第 二 组

梦幻熟女范

♥ 开·运·指·点

　　忙于工作和学习的白羊座女孩，在感情之路上尤其会比较迷惘，既得不到自己想要的，又害怕失去目前拥有的，真的是这样吗？不妨来个梦幻一点的妆容吧，在彩妆中转身一变，你就是人见人爱的大美女。

彩妆秘笈

底妆强调清新自然，眼妆选用非常有女人味的紫色系，加上流畅柔和的眼线，仿佛充满了极强的电力，让人不自觉地被吸引，这个妆容有助于交上桃花运哦。

彩·妆·DIY

1 → 涂抹粉底霜后，再在脸部周围和颧骨处涂抹暗色粉底，让脸部轮廓变小，凸显五官；再用大号的散粉刷蘸取散粉后，完成底妆的定妆。

蜜丝佛陀魔幻触感粉底霜

2 → 做好眼部的打底工作之后，先用中号的眼影刷在上眼睑刷涂一层浅咖啡色作为底色。

3 → 选择一副高仿真的假睫毛，修剪长短后，粘贴在眼睛上，装戴上假睫毛后眼睛会更加迷人。

4 → 接着在上眼皮涂抹黑色的眼影，可以蘸取少一点的用量，慢慢添加，以便控制眼妆的轻重。

5 → 眼头的黑色眼影可以略微淡一些，眼中可以多涂抹几笔，到眼尾处可以减淡一些。

7 → 用眼线刷蘸取少量的眼线膏，在睫毛根部画上黑色的眼线。

6 → 在黑色眼影的边沿处，刷上淡淡的一层紫色眼影，略微显色即可。

8 → 描画下眼线的时候，眼尾往眼头方向要越画越淡，直至没有，上下眼尾要自然相接。

✳ ✳ ✳ ✳ 用干净的眼影刷扫除余粉！ ✳ ✳ ✳ ✳ ✳ ✳ ✳ ✳ ✳ ✳

10 → 在脸部颧骨和眼线正中处涂抹上咖啡色系的腮红。

9 → 在下眼线叠擦一层紫色眼影，让眼部更显诱人的魅力；之后用干净的眼影刷扫除眼下的余粉。

11 → 最后沿着唇部的轮廓，在唇部涂抹裸粉色的唇彩，让双唇显得更加饱满。

金牛座

4月20日～5月20日

金牛座明星代表：
奥黛丽·赫本

金牛座彩妆标志：
美艳&自然

金牛座彩妆开运指数：
★★★★☆

第 一 组

悠然自得范

开·运·指·点

　　很多金牛座女孩都有一种从内散发出来的稳重气质，显得比较硬朗。在妆容上试着柔弱一点、亲和一点，会让人感觉你更加温柔、更好相处，而这种祥和的气场自然会为你带来好运气。

彩妆秘笈

整体妆感非常典雅清新，
亲和力十足，眼影选用了常见的银灰色和黑色，
唇膏的颜色是目前比较受欢迎的裸色系，
配上粉色腮红，营造出了非凡的惬意感觉。

💗 彩·妆·DIY

2 → 用化妆海绵把脸上的粉底涂抹均匀，再用散粉定妆；接着修剪一个双眼皮贴，贴在眼睛上。

4 → 再将眉形修正一下，蘸取眉粉刷涂出柔和自然的眉形。

1 → 在脸部中央轮廓区刷涂上比肤色浅一号的粉底，起到提亮的作用。

3 → 先将自己的眉毛用眉梳梳理一下，方便之后去除眉上的杂毛。

魅可感光粉底液

5 → 然后用眼影刷蘸取黑色的眼影，涂抹在上眼皮，在靠近睫毛处可以多画两笔。

7 → 换一把眼影刷，在眼影的边沿处刷涂珍珠白色的眼影，让眼妆看起来更干净。

6 → 在上眼皮的黑色眼影上叠擦一层银灰色的眼影。

8 → 然后在鼻梁上也轻轻刷上一笔，增加鼻梁的挺立感，让五官更立体。

对着镜子笑一笑！

high beam

贝玲妃
神奇高光液

9 → 对着镜子笑一笑，在笑肌处用打圈的方式刷涂上粉色的腮红。

10 → 在嘴唇上先涂抹一层润唇膏，然后叠擦一层透亮的裸色唇彩即可。

第 二 组
美艳执著范

♥ 开·运·指·点

金牛座是非常有主见的星座，极有耐心和责任感，但是也极为顽固，不喜欢轻易改变自己的想法。要想用彩妆开运，不妨试试之前不敢尝试的颜色，如玫红色、玫瑰色、湛蓝色等，尝试一下你就可能发现，美艳动人也会属于你，只要你肯改变一下。

百变就是时尚，完美的底妆，
立体的眉形，紧致的五官，卷曲的头发，
夸张的小礼帽，配上一双诱人的眼睛和娇美的红唇，
每一处都显得那么靓丽夺目。

彩妆
秘笈

彩·妆·DIY

2 → 在眼部涂抹专用的打底产品，然后刷涂一款安全色系的眼影打底。

4 → 用眉粉将眉形描画出来，然后蘸取紫红色的眼影，涂抹在上眼皮。

1 → 用化妆海绵在脸上涂抹粉底霜后，用大号的散粉刷蘸取散粉后，在脸部轻轻扫一下，完成底妆的定妆。

3 → 对着小镜子，眼睛往下看，贴着睫毛根部描画一条细细的眼线。

5 → 在眼尾处可以多涂抹两笔，更显眼部魅力，更有小女人的韵味。

魅可
眼线膏

7 → 下眼尾也要描画一条浅浅的眼线，同时还要涂抹上紫红色的眼影，与上下眼影之间呈"＜"的形状。

6 → 由于涂抹了眼影的关系，之前描画的眼线会有所减淡，这时再补涂一点，修饰一下。

8 → 选用余粉刷，轻轻扫除在涂抹眼影时掉落的眼影粉末，让底妆显得更干净。

贝玲妃
蒲公英粉

9 → 在脸部颧骨下方采取斜向上的方式涂抹上自然的裸色腮红，让脸颊气色显得更好。

10 → 做好唇部打底工作，在唇部涂抹玫瑰色唇膏，然后叠擦一层唇彩。

♊
双子座
5月21日~6月21日

双子座明星代表：
张柏芝
双子座彩妆标志：
甜美&魅惑
双子座彩妆开运指数：
★★★★★

第 一 组
冷艳魅惑范

❤ 开·运·指·点

　　如果说活泼、聪明、可爱是双子座的外向表征，那么敏感、不安分、腹黑就是双子座隐藏的小心机了，这都是双子座双重性格的表现。转换一下，找到内心最爱的颜色，描画一款充满诱惑感的心机彩妆吧，这才是你的最佳气场。

彩妆秘笈

无瑕精致的底妆，立体的眉妆，
充满诱惑感的湛蓝色眼影，让闪亮的双眸更加炯炯
有神，轻咬的红唇好像在述说着什么，
这种带有神秘感的妆容就是你想要的，对吗？

♥ 彩·妆·DIY

露华浓眉笔

2 → 休整一下眉形，将眉峰向后移一点，把眉形修高一点，然后使用眉笔填满中间的空隙处，再用眉刷晕染一下。

1 → 选取跟肤色相近的粉底液，用海绵粉扑涂抹均匀后，再用散粉刷蘸取少量散粉定底妆。

用眉刷晕染一下！

3 → 在眼部涂抹一点银灰色眼影打底，淡淡地涂抹一层即可。

5 → 涂抹完毕后，用眼线刷蘸取眼线膏，在靠近睫毛根部的地方描画眼线，让眼部更有神。

4 → 用小号的眼影刷蘸取湛蓝色的眼影，从眼中往眼尾方向涂抹在整个上眼皮。

6 → 眼线画好后，如果觉得眼影需要添加，可以在眼尾稍微加重一笔即可。

8 → 下眼中往眼头的紫色眼影要越来越淡，直至没有，之后眼头可以刷涂一笔银色眼影。

7 → 下眼睑也要涂抹同色的眼影，这样眼妆会更好看。

9 → 使用腮红刷，在脸部颧骨笑肌处横向涂抹上腮红。最后再涂抹上粉色唇彩，为整体妆容加分。

第 二 组

甜美活泼范

开·运·指·点

　　双子座的女孩才智过人，对艺术有着独特的感受力，凡事都追求变化，并且擅长与人沟通。正是因为在性格上的饱满，因此在彩妆上选用淡淡甜美系妆容就能很好地展现那聪慧的双子座灵性。

彩妆秘笈

柔滑细致的底妆，
停留在眼间的那一抹清新的黄色，笑肌处的粉红，
加上甜美的唇妆，散发着无限的光彩，
身为双子座女孩的你不妨试试。

彩·妆·DIY

1 → 选取跟肤色相近的粉底液，然后用粉扑蘸取少量的蜜粉定底妆。

2 → 修整一下眉形，将眉峰向后移一点，把眉峰略微修高。

3 → 在眼部涂抹一点珍珠白色的眼影打底，淡淡的涂抹一层即可。

4 → 用小号的眼影棒蘸取黄色的眼影，从眼头往眼尾涂抹在整个上眼皮。

5 → 眼影的深浅程度可以根据自己的喜好和服装来确定。

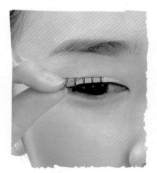

6 → 为了增加眼妆的迷人程度，可以贴一副假睫毛。应先对着镜子比对一下假睫毛的长度。

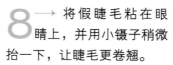

8 → 将假睫毛粘在眼睛上，并用小镊子稍微抬一下，让睫毛更卷翘。

7 → 然后将比对好的假睫毛修剪一下，以吻合眼形的长度，接着再涂抹上胶水。

9 → 选用中号的眼影刷，蘸取一点点的白色眼影，在眉弓骨轻轻扫上一笔，让眼部轮廓更迷人。

11 → 用腮红刷在脸部颧骨笑肌处横向涂抹上粉色腮红。

10 → 选用防水的眼线液，在靠近睫毛根部的地方描画一条细细的自然眼线。

12 → 在嘴唇上先涂抹一层润唇膏，然后叠擦一层透亮的浅玫瑰色唇彩即可。

巨蟹座

6月22日~7月22日

巨蟹座明星代表：

景甜

巨蟹座彩妆标志：

自然&精灵

巨蟹座彩妆开运指数：

★★★★☆

第 一 组

唯美精灵范

开·运·指·点

　　巨蟹座的女孩子比较喜欢打扮自己，非常享受彩妆带来的乐趣，可以尝试一些新颖的彩妆样式和技法，在眼线的形状、眼影的涂抹位置上做一些改变，虽然看似有点复杂，其实操作非常简单。

彩妆秘笈

眼妆的光泽感
非常强，眼线的形状也尤其妩媚，
像小精灵一样
充满了灵动感，有一种别样的可人少女韵味。

彩·妆·DIY

1 ⟶ 在脸部涂抹上与肤色相近的粉底液，粉底液一定要涂抹均匀，同时还要辅以拍打的手法，让底妆显得更透。

迪奥魅惑五色眼影

2 ⟶ 对着镜子查看一下脸部，是否有痘印、斑点，或者黑眼圈等需要遮瑕。

3 ⟶ 在眼部涂抹银灰色的眼影打底，在眼中处可以多涂抹一层。

4 ⟶ 用中号的眼影刷蘸取一点高光粉在眉弓骨轻轻刷涂一笔，涂抹眼部的轮廓。

5 ⟶ 然后在鼻梁上也顺势刷涂一下，增强鼻梁的挺立感。

7→ 再蘸取银灰色的眼影，在下眼头和眼中的位置轻轻描上一笔，让眼妆显得更灵动闪耀。

6→ 在靠近睫毛根部的地方描画一条眼线，下眼线也不要忽视，上眼角和下眼角要做到自然相接。

8→ 在描画好的眼线上选用防水的眼线液涂抹一层，这样眼线的持久性更佳，还不用担心晕妆。

在笑肌处刷涂上腮红！

迪奥
魅惑丰唇蜜

9→ 蘸取浅橙色腮红，轻轻在脸上笑肌处刷涂上腮红，让气色变得更可人。

10→ 最后在唇部涂抹上浅橙色系的唇彩，让整体妆容显得更靓丽。

第 二 组
清爽裸妆范

开·运·指·点

　　巨蟹座女孩在生活中很容易给自己太多压力，像一根绷得紧紧的琴弦。实际上不必如此为难自己，画个清透的裸妆出门，看着镜子中清新的脸庞，你会发现自然就是最美，爱生活也要学会享受生活。

厚重的妆容会让肌肤看起来很不透亮，
没有水润感，
而清爽的裸妆就好像没有任何妆感一样，但却能让
巨蟹座的你散发出自然魅力。

彩妆秘笈

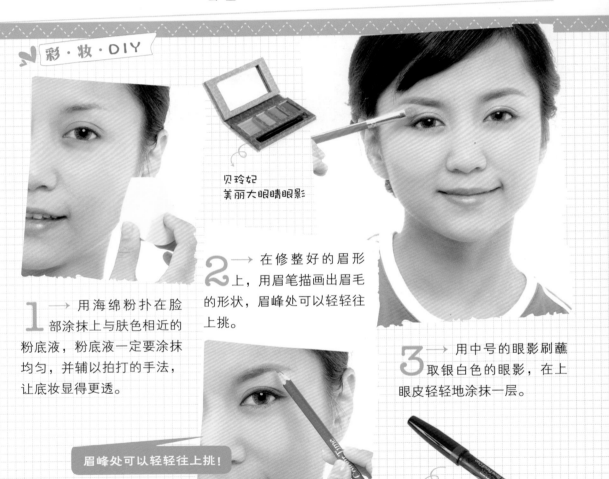

❤ 彩·妆·DIY

贝玲妃
美丽大眼睛眼影

1 → 用海绵粉扑在脸部涂抹上与肤色相近的粉底液，粉底液一定要涂抹均匀，并辅以拍打的手法，让底妆显得更透。

2 → 在修整好的眉形上，用眉笔描画出眉毛的形状，眉峰处可以轻轻往上挑。

3 → 用中号的眼影刷蘸取银白色的眼影，在上眼皮轻轻地涂抹一层。

眉峰处可以轻轻往上挑！

雅诗兰黛
转动两头眉笔

5 → 在靠近睫毛根部的地方描画一条眼线，眼睛会瞬间变得有神起来。

4 → 银白色眼影光泽感很浅，刷涂时眼头和眼尾要一样均匀。

眼线一定要靠近睫毛！

6 → 用小号眼影刷蘸取一点黑色眼影，轻轻在画好的眼线上晕染一下，让眼线更加自然柔和。

✳ ✳

8 → 蘸取玫瑰色腮红，轻轻在脸上笑肌处刷涂上腮红，让气色变得更粉嫩。

7 → 采取根部、中部、尾部分段夹取的方式，将睫毛夹翘，并涂抹上浓密纤长型的睫毛膏。

9 → 最后在唇部涂抹上晶莹的粉色唇彩，让整体妆容显得更靓丽。

狮子座

7月23日~8月22日

狮子座明星代表：

孙燕姿

狮子座彩妆标志：

个性&温暖

狮子座彩妆开运指数：

★★★★☆

第 一 组

橙色个性范

♥ 开·运·指·点

　　积极向上、非常慷慨、有主见、果断都是狮子座女孩的特质。在人群中，狮子座的女孩也是众人眼中的焦点，她们好像可以带给人们一种"正面能量"，而描画红色系、橙色系的彩妆，更能为狮子座女孩添加动人的光彩。

彩妆秘笈

橙色会让人联想到太阳和水果，仿佛有一种健康的、积极向上的味道，显得明快而绚丽，同时橙色也是狮子座的幸运色。整体彩妆主色调以橙色为主，非常协调美丽。

❤ 彩·妆·DIY

媚妮
橙色眼影

1 → 蘸取适量的粉底液，在脸上快速抹匀，让肤色显得更清透。之后再用散粉刷蘸取散粉，轻轻在脸上刷涂，增强底妆的持久性。

2 → 选取与眉色相近的眉笔，轻轻在眉毛上刷涂一遍，在眉头处淡淡涂抹一下，眉峰往上提，眉尾要渐渐变淡。

3 → 在双眼皮的褶皱处刷涂橙色眼影，在眼球正上方可以多涂抹一点。

眉峰往上提，眉尾要渐渐变淡！

雅姿
自动眉笔

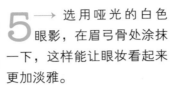

5 → 选用哑光的白色眼影，在眉弓骨处涂抹一下，这样能让眼妆看起来更加淡雅。

4 → 选用防水的眼线笔，在靠近睫毛的根部描画一条细细的眼线，下眼线也要描画，越细越好。

6 → 再蘸取一点点珠光白眼影，在下眼头轻轻点一下，增加闪耀感。

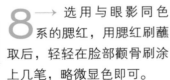

8 → 选用与眼影同色系的腮红，用腮红刷蘸取后，轻轻在脸部颧骨刷涂上几笔，略微显色即可。

7 → 换一把刷子，轻轻扫一下眼下肌肤，以免有眼影粉掉落，影响底妆的精致感。

9 → 做好唇部的打底工作之后，涂抹上浅玫瑰色的唇膏。如果想让唇部增加不少的闪耀度，可以再刷涂上一层唇彩。

第 二 组

亲和佳人范

🐰 开·运·指·点

　　狮子座的女孩在爱幻想之余，还要培养一颗勇于承担的心，这样才能走出自己的困境，重获新生。在妆容的选择上要从自身的气质出发，不可盲目跟风涂抹太金属、太朋克的妆容，否则不仅达不到美的效果，反而还会让自己的好运流失。

彩妆秘笈

整个妆容呈现出一种清新自然的感觉，
底妆、眼妆、腮红浑然一体，互相融合，
虽然没有哪个颜色特别突出，但是组合在一起的效果，
却有一种令人难以抵挡的吸引力。

❤ 彩·妆·DIY

1 → 在脸上涂抹上与肤色接近的粉底，让肤色看起来更加均匀，底妆更加无懈可击。

香奈儿炫彩珠片眼影

2 → 在修整好的眉形上，用蘸取了眉粉的刷子填补眉毛稀疏处。

3 → 在上眼皮刷涂一点银灰色眼影，然后再用眼影刷蘸取一点小闪片。

4 → 在上眼头往眼中的方向，刷上小闪片，让眼部彩妆更闪耀动人。

5 → 下眼头也要刷上一点小闪片，笔法可以轻一些，越自然越好。

7 → 蘸取眼线膏，在靠近睫毛根部的地方描画一条自然而柔和的眼线，眼线清晰即可，线条不需要太夸张。

6 → 在眉弓骨的地方也刷涂上一点，这样整个眼部都会散发出银白的光泽，非常闪耀。

8 → 下眼线也要描画，笔法可以轻一些，越到眼头处越淡。

纪梵希
粉色唇彩

9 → 用小号的腮红刷，在脸上笑肌处刷涂上粉色的腮红，让整个人气色变得更好。

10 → 最后涂抹上淡淡的粉色唇彩，让唇部成为整个脸部妆容最显色之处。

♍ 处女座

8月23日～9月22日

处女座明星代表：
范冰冰

处女座彩妆标志：
完美&优雅

处女座彩妆开运指数：
★★★★★

第 一 组
完美气质范

💜 开·运·指·点

　　处女座女孩对完美的追求简直让其他星座望尘莫及，她们追逐一切美好的事物，却又暗自责怪自己不够完美。在彩妆的选择上，处女座应放下对唯一性的追求和坚持，只要把自己最美的地方展露出来就可以了。

说到"完美"，可能每个人的定义都不一样，
在彩妆的世界里完美要有所取舍，就像这款妆容一样，
完美的底妆就是彩妆成功的关键，
不需要浓重的眼影色和唇色，淡淡的就很美。

彩·妆·DIY

美宝莲
晴采造型眉粉

2 → 在修整好的眉形
上，用眉笔描画出眉毛
的形状，眉峰处可以轻轻往
上挑。

1 → 在脸部涂抹上与
肤色相近的粉底液，粉
底液一定要涂抹均匀，同时
还要辅以拍打的手法，再用
散粉定妆。

用眉笔描画形状！

3 → 对着镜子看一看，
如果眉毛修饰得有点过
重，可以用眉刷轻轻擦涂一
下，让眉毛变得更加自然。

5 → 然后蘸取黑色眼影，在靠近睫毛根部的地方涂抹一遍，增加眼妆的深邃感。

4 → 用中号的眼影刷，在上眼皮上刷涂浅咖啡色的眼影。

6 → 将睫毛夹翘，接着刷涂上有卷翘纤长效果的睫毛膏，并用眉睫梳梳理一下，让睫毛变得根根分明。

★ ★ ★ ★ ★ ★ ★ ★ ★ ★ ★ ★ ★ ★ ★ ★ ★

使用玫瑰色的腮红！

魅可
闪亮唇彩

7 → 蘸取玫瑰色腮红，轻轻在脸上笑肌处刷涂上腮红，这样可以让气色变得更加粉嫩。

8 → 最后在唇部涂抹上晶莹的裸色唇彩，让整体妆容显得更精致靓丽。

第 二 组
优雅名媛范

💙 开·运·指·点

　　处女座的女孩在跟别人交往的过程中，总会将自己的知性感表露无遗，而选择精致一点的妆容就可以充分展现处女座的知性美感，在他人眼中的好感度也会倍增，这时候好运气也会接踵而至。

彩妆秘笈

在眼妆上选用黄色和蓝色作为对比色，
没有生硬感，反而融合得非常好，没有夸张的眼线
和假睫毛，双眸就有立体的质感，
而腮红和唇色都采用粉色无疑是最佳的选择。

彩·妆·DIY

迪奥
幽蓝魅惑单色眼影

1 → 首先在脸上涂抹适量的粉底液，校正脸上肤色不均匀处，让底妆显得富有光泽。

2 → 选取与眉色相近的眉笔，轻轻在眉毛上刷涂一遍，在眉头处淡，眉峰往上提，眉尾渐无。

3 → 选用哑光白色的眼影涂抹在上眼皮处，做一个基本的眼部打底工作。

眉峰处可以轻轻往上提！

5 → 在上眼中部到眼尾的部位，刷涂上蓝色的眼影，让眼尾的神采富有神秘的美感。

4 → 蘸取鹅黄色的眼影，轻轻刷涂在上眼头到眼中的位置。

6 → 换一只眼影刷，然后蘸取少量的蓝色眼影，涂抹在下眼尾到眼中的位置，淡淡的一笔即可。

8 → 在脸部颧骨与下眼线正中处涂抹上娇嫩的粉色腮红，让脸颊气色显得更好。

7 → 在下眼头往眼中的方向，刷涂上鹅黄色的眼影，使上下眼妆更加有整体感。

9 → 做好唇部的打底工作，蘸取粉色的唇彩，均匀地涂抹在整个唇部。

天秤座

9月23日～10月23日

天秤座明星代表：
大S

天秤座彩妆标志：
绚丽&中性

天秤座彩妆开运指数：
★★★★☆

第一组
绚丽彩眼范

开·运·指·点

　　天秤座和蔼可亲，为人处事都特别温和娴雅，使得仇恨和敌意都无法靠近。天秤座的美女们，学画一款星座开运彩妆，不妨在颜色上下下功夫，绚丽的颜色会让你更加富有魅力。

彩妆秘笈

白皙中透露出红润的底妆，契合脸型的眉妆，蓝色和绿色构成的眼妆效果，娇艳的玫瑰色唇妆，让天秤座的女孩在温和的气质下，还流露出女性的特有吸引力。

彩·妆·DIY

1 → 首先用化妆海绵蘸取粉底液后涂抹在脸上，之后再用散粉刷涂抹散粉定妆。

兰蔻清新恒丽遮瑕笔

2 → 修整一下眉形，将眉峰向后移一点，把眉形修高一点，然后使用眉笔填满中间的空隙处。

3 → 在眼部涂抹专用的打底膏，然后用中号的眼影刷蘸取浅绿色眼影薄薄地涂在上眼头。

4 → 接着蘸取湖蓝色的眼影，涂抹在上眼中到眼尾处，在靠近睫毛处可以多画两笔。

5 → 换中号的眼影刷，在眉弓骨处刷涂珠光白色的眼影。

7 → 使用防水、防油的眼线笔，在靠近睫毛的根部画上眼线。

6 → 选用高仿真的假睫毛，在眼睛上比对一下大小，之后修剪一番，再用胶水粘贴上去。

8 → 在描画眼尾时，可以稍微地向后延长一点，这样眼形会更好看。

让眼部神采更佳！

兰蔻
柔美腮红

9 → 刷涂睫毛膏，一来让真假睫毛融为一体；二来让眼部神采更佳。

10 → 沿着下颌骨向颧骨处以扇形的手法扫上粉色的腮红，打造好气色。

11 →　在唇部涂
抹富有光泽感
的玫瑰色唇膏，让整体
妆容更显绚丽。

12 →　最后在下
唇中央刷涂上
一层唇彩，并向两边涂
抹开来。

开运小·提示

　　描画一个如此绚丽而明媚的妆容，是不是有一种整个人
面貌一新的感觉呢？这就是开运彩妆带来的独特美丽，你也
能从镜子里面看到全新的自己，好运气也随之而来哦。

第 二 组

摩登中性范

开·运·指·点

　　随和与顺从是天秤座女孩的个性特征，可这并不代表她们不能再"个性"一点，循规蹈矩的生活总是会让人厌倦的。在彩妆上玩一下反串，试试中性化的妆容，在享受改变带来的美丽之余，你一定会玩得乐此不疲。

绿色、蓝色、黄色都是天秤座开运的好色彩，
选用蓝色作为眼妆的主色调，配上晶莹粉色唇妆，
尝试一下中性的打扮，
展现自己的多变魅力吧！

彩妆秘笈

♥ 彩·牧·DIY

美宝莲
慕斯粉底

在眼球正上方多涂一点！

2 → 选取与眉色相近的眉笔，轻轻在眉毛上刷涂一遍，在眉头处晕染一下，眉峰往上提，眉尾要渐渐变淡。

1 → 首先在脸上涂抹适量的粉底液，校正脸上肤色不均匀处，让底妆显得无瑕而白皙。

3 → 在双眼皮的褶皱处刷涂湖蓝色眼影，在眼球正上方可以多涂抹一点。

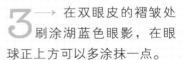

5 → 再蘸取湖蓝色的眼影，轻轻刷涂在下眼尾到眼中的位置。

4 → 在眼尾处要淡至不明显为佳，这样涂抹出来的眼影形状是最好看的。

6 → 接着再蘸取少量的珠光白眼影，涂抹在下眼头到眼中的位置，淡淡的一笔即可。

* * * * * * * * * * * * * * * * *

8 → 在脸部颧骨与下眼线正中处涂抹上娇嫩的粉色腮红，让脸部气色显得更好。

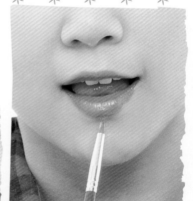

7 → 蘸取少量的黑色眼影，刷涂在靠近睫毛根部的地方，之后把睫毛夹翘，涂抹上卷翘纤长的睫毛膏。

9 → 做好唇部的打底工作，蘸取粉色的唇彩均匀地涂抹在整个唇部。

天蝎座

10月24日～11月22日

天蝎座明星代表：
林青霞
天蝎座彩妆标志：
电眼&性感
天蝎座彩妆开运指数：
★★★★★

第 一 组
电眼美女范

💚 开·运·指·点

　　深沉内敛、具有独特的神秘感是天蝎座女孩的特质，性格独立而又勇敢，平时是非分明，这种星座的女孩宜尝试具有神秘感的紫黑色，这种颜色最能匹配天蝎座卓越的品味和需求。

无瑕的底妆，
紫黑色的上下眼影，
配上蜜桃色的腮红和粉色的唇彩，
时刻向周围散发出天蝎座的个性魅力！

❤ 彩·妆·DIY

1 → 做好脸部的打底工作，让底妆看起来更加无瑕，然后用散粉刷蘸取少量的散粉定妆。

雅诗兰黛 粉底液

2 → 选取与眉色相近的眉笔，轻轻在修饰好的眉毛上淡淡描画一遍。

3 → 在整个上眼窝涂抹浅银色的珠光眼影，涂抹后可以明显看出光泽感。

4 → 用眼影刷蘸取紫黑色眼影涂抹在双眼皮和眼尾的部位。

5 → 下眼尾可以用眼影刷上的余粉淡淡地涂抹一层，上下眼尾的眼影色要自然相接。

7 → 蘸取少量的高光粉，在眉弓骨处涂抹一下，让眼部的轮廓感更强。

6 → 完成了眼影的涂抹之后，在靠近睫毛的根部描画一条细细的眼线，眼线的线条要自然流畅。

8 → 用睫毛夹采取根部、中部、尾部分段夹取的方式，让睫毛更加卷翘。

用眉睫梳梳理睫毛，可使睫毛根根分明！

10 → 蘸取浅蜜桃色腮红，轻轻在脸上笑肌处刷涂上腮红，让气色变得更粉嫩。

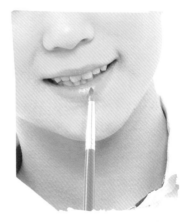

9 → 接着刷涂上有卷翘纤长效果的睫毛膏，并用眉睫梳梳理一下，让睫毛变得根根分明。

11 → 因为眼妆有点性感，在唇妆的处理上可以简单一点，涂抹上晶莹的粉色唇彩就好了。

第 二 组
俏皮魔女范

🐰 开·运·指·点

　　有人说天蝎座的女孩是琢磨不透、难以猜测的，其实这都源于她们敏锐的观察力，而把自我牢牢地保护起来了。不如试着活泼一些、俏皮一些，说不定更有好人缘哦。

彩妆秘笈

整体妆感非常轻薄，
眼妆注重眼线的描画，有神的电力双眼，
让彩妆显得格外有魅力，
还有一丝性感的味道。

♥ 彩·妆·DIY

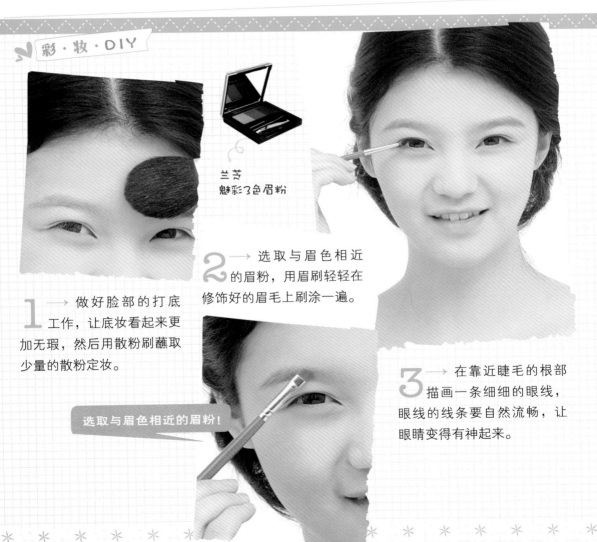

兰芝
魅彩3色眉粉

1 → 做好脸部的打底工作，让底妆看起来更加无瑕，然后用散粉刷蘸取少量的散粉定妆。

选取与眉色相近的眉粉！

2 → 选取与眉色相近的眉粉，用眉刷轻轻在修饰好的眉毛上刷涂一遍。

3 → 在靠近睫毛的根部描画一条细细的眼线，眼线的线条要自然流畅，让眼睛变得有神起来。

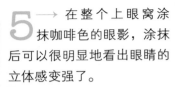

5 → 在整个上眼窝涂抹咖啡色的眼影，涂抹后可以很明显地看出眼睛的立体感变强了。

4 → 描画完毕后，要对着镜子调整一下，保证左右两边的眼线形状一致，并以略微可见为佳。

6 → 在咖啡色眼影的边缘处，要用眼影刷晕染性地涂抹一下，这样眼影由浅到深的过渡会更自然。

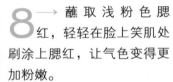

8 → 蘸取浅粉色腮红，轻轻在脸上笑肌处刷涂上腮红，让气色变得更加粉嫩。

7 → 下眼尾可以用眼影刷上的咖啡色余粉淡淡地涂抹一层，越到下眼头越淡。

9 → 先在唇部涂抹一层润唇膏，然后涂抹上晶莹的粉色唇彩就好了。

射手座

11月23日~12月21日

射手座明星代表：
林志玲

射手座彩妆标志：
娇美&活力

射手座彩妆开运指数：
★★★★☆

第一组
娇美淑女范

✎ 开·运·指·点

　　射手座的女孩行动能力特别强，凡事都敢于勇往直前，是知性和野性的结合体。一旦个性张扬起来，其热情开朗的态度固然讨人喜欢，但也可能会令人"招架不住"。这里推荐一款娇美内敛的妆容，给射手座的你增加一丝稳重的气质吧。

纯净无瑕的底妆，立体的眉形，
由粉色和紫色打造的纯真而梦幻的眼妆颜色，
加上娇美的唇彩颜色，如同一阵清新的风，
让爱冒险的射手座女孩变得文静而富有迷人的气质。

彩妆
秘笈

彩·妆·DIY

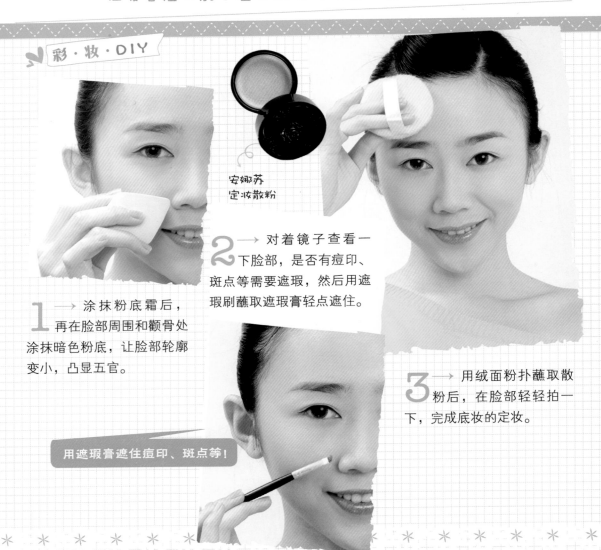

安娜苏
定妆散粉

2 → 对着镜子查看一下脸部，是否有痘印、斑点等需要遮瑕，然后用遮瑕刷蘸取遮瑕膏轻点遮住。

1 → 涂抹粉底霜后，再在脸部周围和颧骨处涂抹暗色粉底，让脸部轮廓变小，凸显五官。

3 → 用绒面粉扑蘸取散粉后，在脸部轻轻拍一下，完成底妆的定妆。

用遮瑕膏遮住痘印、斑点等！

5 → 涂抹完毕后，在眼影的边缘处用中号眼影刷刷涂一层珠光白眼影，增加光泽。

4 → 做好眼部的打底工作，用小号的眼影刷在上眼皮涂抹粉紫色的眼影。

6 → 选用防水的黑色眼线笔，在睫毛根部画上黑色的眼线，下眼也要画上眼线，上下眼尾要自然相接。

8 → 选用大号的腮红刷，在脸部笑肌处打圈刷涂上娇嫩的粉色腮红。

7 → 选用中号的眼影刷，蘸取一点点的白色眼影，在眼下轻轻扫上一笔，有提亮眼下肌肤的效果。

9 → 做好唇部的打底工作之后，沿着唇部的轮廓涂抹上与腮红同色系的唇膏，在唇部中央再涂抹一点透明的唇彩。

第 二 组

阳光活力范

开·运·指·点

　　崇尚自由、不拘小节，是射手座最典型的特质，且射手座天性乐观、热情如火，仿佛总有用不完的精力，因而射手座总给人充满活力之感。这里推荐一款尽显阳光活力的妆容就非常适合射手座女孩。

对于活力四射的射手座来说，
这款个性彩妆再适合不过了。
藏蓝色眼影可使整个人充满生命质感，而玫瑰色的
唇膏更能彰显少女活力风范。

彩·妆·DIY

1 → 涂抹粉底霜后，用大号的散粉刷蘸取散粉后，在脸部轻轻扫一下，完成底妆的定妆。

姬芮绝色心动眼影

2 → 贴一个大小合适的双眼皮贴，然后沿着睫毛根部描画细细的眼线。

3 → 接着用小号的眼影刷，在上眼皮的眼中处往眼尾处涂抹藏蓝色的眼影。

4 → 利用眼影刷上残留的藏蓝色眼影，在下眼尾也涂抹同色眼影。

5 → 选用中号的眼影刷，在眉弓骨处涂抹珠光白眼影，让眼部轮廓变得更加立体鲜明。

6 → 用小号的眼影刷，在上眼头处刷涂一点银色的眼影，让眼影颜色过渡更加自然。

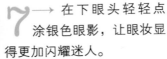

7 → 在下眼头轻轻点涂银色眼影，让眼妆显得更加闪耀迷人。

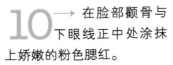

8 → 选用余粉刷，轻轻扫除在涂抹眼影时掉落的眼影粉末，让底妆显得更干净。

10 → 在脸部颧骨与下眼线正中处涂抹上娇嫩的粉色腮红。

9 → 将睫毛夹翘，让眼部看起来像洋娃娃一样，然后涂抹黑色的睫毛膏，拉长睫毛。

11 → 沿着唇部的轮廓，在唇部涂抹玫瑰色的唇彩，让双唇显得更具健康活力。

摩羯座
12月22日~1月19日

摩羯座明星代表：
张曼玉
摩羯座彩妆标志：
纯情&前卫
摩羯座彩妆开运指数：
★ ★ ★ ★ ☆

第 一 组
纯真森女范

开·运·指·点

摩羯座的女孩超级擅长保护自己，待人处事冷静而理智，缺少一种生动感。这里推荐一款明媚动人的大地色系彩妆，让摩羯座女孩打开心房，接收周围的好运磁场。

大地色系的彩妆是很多初学彩妆者的首选，
因为这类颜色最不容易出错，还能很好地突出眼部轮廓，
搭配上黑色的眼线和银色提亮粉，
妆感有一种少女的纯真，非常动人。

彩妆秘笈

彩·牧·DIY

1 → 选取跟肤色相近的粉底液，在脸部涂抹均匀，之后用散粉定妆。

2 → 先在眼部涂抹一点浅橙色的眼影打底，淡淡地涂抹一层即可。

3 → 另外一只眼睛的眼影也要涂抹到，两边的深浅程度要一致。

4 → 用小号的眼影棒蘸取深咖啡色眼影，从眼头往眼尾涂抹在整个双眼皮的褶皱处。

5 → 涂抹另一只眼睛时要小心一点，每次蘸取的眼影粉少一点为佳。

6 → 使用防水的眼线膏，沿着睫毛根部描画一条眼线，下眼线也要画到。

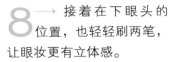

8 → 接着在下眼头的位置，也轻轻刷两笔，让眼妆更有立体感。

7 → 换一把眼影刷，蘸取少量的高光粉，在眉弓骨处轻轻刷涂两笔。

9 → 选用眼线液稍微将上一步描画好的眼线加重一下，眼尾略微上翘，并以向后延伸2毫米为佳。

11 → 选用蜜桃色的腮红，用大号腮红刷在脸部颧骨笑肌处横向涂抹上腮红。

10 → 夹翘睫毛，然后涂抹黑色的睫毛膏，可拉长睫毛，增加眼妆的迷人神采。

12 → 在嘴唇上先涂抹一层润唇膏，然后叠擦一层透亮的浅玫瑰色唇彩即可。

第 二 组
前卫狂野范

开·运·指·点

　　摩羯座的女孩具有强烈的野心，占有欲非常强，自制力又非常不错。这里推荐一款前卫大胆的彩妆，最适合这种狂野与稳重交织的星座，更能让你受到别人的赏识。

彩妆秘笈

墨绿色的眼影非常特别，
卷翘纤长的美睫散发着火辣的电力，
饱满的唇色让人过目不忘，
没错，这就是专属于摩羯座女孩的开运彩妆。

❤ 彩·妆·DIY

1 → 用粉底刷在脸部刷涂上粉底，在有斑点和肤色暗沉处可以适当多刷涂一点，然后用散粉完成底妆的定妆。

魅可专业塑颜遮瑕膏

2 → 修整眉形后，用眉笔描画一下，然后再用眉刷在眉头处竖着刷一下，再一直刷到眉尾。

3 → 在上眼窝扫上银灰色的眼影，稍微有一点显色便可。

4 → 再用小号的眼影刷在靠近睫毛的地方刷上墨绿色眼影。

5 → 在眼头刷涂上高光粉，这一步不仅能让眼睛更加闪烁动人，还能增加鼻梁的挺立感。

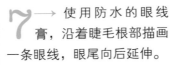

7 → 使用防水的眼线膏，沿着睫毛根部描画一条眼线，眼尾向后延伸。

8 → 下眼线也要画到，上下眼尾要形成"＜"的形状，到下眼中处就要淡至无影。

6 → 接着在眉弓骨处轻轻刷涂两笔，让眼部轮廓更加突出。

✳ ✳ ✳ ✳ ✳ ✳ ✳ ✳ ✳ ✳ ✳ ✳ ✳ ✳ ✳ ✳

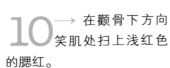

10 → 在颧骨下方向笑肌处扫上浅红色的腮红。

9 → 在唇部涂抹上富有女人味的大红色唇膏，点亮整个脸部的妆容。

11 → 最后检查一下整体妆容，看看脸上有没有眼影粉的碎末，或者鼻梁处是否需要提亮。

水瓶座

1月20日～2月18日

水瓶座明星代表：
章子怡

水瓶座彩妆标志：
日系&撞色

水瓶座彩妆开运指数：
★★★★☆

第 一 组

活力撞色范

💗 开·运·指·点

　　水瓶座的女孩总是不按常理出牌，也不喜欢受到约束。在彩妆上尝试一下个性的撞色彩妆，最能体现水瓶座女孩的特质，而那种桀骜不驯的个性也就此散发出来了。

选用超级显色的哑光蓝色眼影，涂抹在整个上眼皮，
然后在唇妆上大胆选用对比色西瓜红，
两者在一起，居然有一种明亮的视觉感受，
非常耀眼。

彩妆秘笈

❤ 彩·妆·DIY

美宝莲眼影膏

1 → 选择跟自己肤色相近的粉底液，用海绵粉扑轻拍涂抹在脸上，不均匀的地方可以多涂抹一点。

2 → 看看脸上有没有小瑕疵，可以先使用遮瑕膏，然后再轻轻扫上一点散粉定妆，这一步对整体妆容的持久度非常有帮助。

3 → 在眼部涂抹一层哑光蓝色眼影，涂抹至显色即可。

用遮瑕膏遮住痘印、斑点等！

5 → 两边的眼睛都要涂抹到，这样眼妆会看起来更加干净。

4 → 然后蘸取珠光白眼影，在蓝色眼影的边沿涂抹，眼影要涂抹均匀。

6 → 描画好眼影之后，再沿着睫毛的根部，用防水的眼线笔描画一条细细的眼线。

8 → 选用粉色系的腮红，对着镜子笑一笑，然后用圆头刷在笑肌处打圈涂抹上腮红。

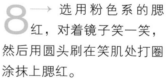

7 → 换一把刷子，蘸取少量的珍珠白眼影，在眼下轻轻扫一笔，提亮眼下肤色。

9 → 涂抹上西瓜红色的唇膏，最后在嘴唇中央刷涂上唇彩，整体彩妆就完成了。

第 二 组

甜美日系范

开·运·指·点

很多水瓶座女孩看起来非常博爱，但又喜欢特立独行，一旦认定了某样东西，就不做轻易的改变。有没有哪一种彩妆是怎么都不落伍的呢？当然有，那就是一直都甜美的日系彩妆范，快快尝试一下吧。

彩妆秘笈

甜美一定要选用粉色的眼影吗？这可不一定，甜美感可以表现在腮红上，还可以表现在唇妆上，选择你最想突出的位置，涂抹上独特的桃红色，最甜美的小妞就是你啦。

❤ 彩·妆·DIY

1 → 选择跟自己肤色相近的粉底液，用海绵粉扑轻拍涂抹在脸上，然后再轻轻扫上一点散粉定妆，爱脱妆的地方可以多扫涂一笔。

娇兰幻彩流星柔纱蜜粉饼

2 → 根据自己的脸型修整一下眉毛的形状，然后用眉笔一一填补中间的空隙处。

3 → 先在眼部涂抹一层哑光的珍珠白色的眼影，做一个简单打底涂抹。

4 → 然后蘸取黑紫色的眼影，进行整个上眼皮的涂抹。

5 → 上眼皮涂抹完毕后，利用刷子上残留的眼影粉，在下眼尾和眼中的位置也轻轻扫上一笔。

7 → 在眼球正上方，也就是眼中的位置，可以多涂抹一笔，这样眼睛会显得更圆更好看。

6 → 描画好眼影之后，再沿着睫毛的根部，用防水的眼线笔描画一条细细的眼线。

8 → 闪闪的美睫也是彩妆成功的关键，将睫毛夹翘后，刷涂上浓密卷翘效果的睫毛膏。

对着镜子笑一笑！

香奈儿
水凝亮采唇彩

9 → 选用粉色系的腮红，对着镜子笑一笑，然后在笑肌处轻轻打圈涂抹上腮红。

10 → 涂抹上桃色的唇膏，然后在嘴唇的中央刷涂上唇彩。

双鱼座

2月19日～3月20日

双鱼座明星代表：
徐若瑄

双鱼座彩妆标志：
浪漫&田园

双鱼座彩妆开运指数：
★★★★☆

第一组
清纯浪漫范

♥ 开·运·指·点

　　天真烂漫的双鱼座，超级善良，还有着极强的同情心。这种星座的女孩最适合温柔浪漫系的彩妆，看起来如梦似幻的粉色彩妆，超级适合双鱼座女孩的温柔婉约气质。

彩妆秘笈

粉色眼妆一直都给人非常浪漫的印象，
搭配上白皙细致的底妆，
给人一种非常纤弱迷人的感觉，配上同色系的
唇部妆容，整体自然浪漫又出众。

❤ 彩·妆·DIY

1 → 选择跟自己肤色相近的粉底液，用海绵粉扑轻拍涂抹在脸上，不均匀的地方可以多涂抹一点。

贝玲妃无懈可击遮瑕膏

2 → 看看脸上有没有小瑕疵，可以使用遮瑕膏，然后再轻轻扫上散粉定妆。

3 → 选取与眉色相近的眉笔，轻轻在修饰好的眉毛上刷涂一遍。

4 → 涂抹完毕之后，再用眉刷晕染一下，再用眉梳沿着眉形梳理。

5 → 在上眼皮上涂抹粉色的眼影，然后稍微晕染一下，晕染是为了颜色渐变更加自然。

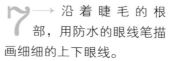

7 → 沿着睫毛的根部，用防水的眼线笔描画细细的上下眼线。

6 → 选用中号的眼影刷蘸取珠光白的眼影，在粉色眼影的周围修饰一下。

8 → 换一把刷子，蘸取少量的珍珠白眼影，在眼下轻轻扫一笔，提亮眼下肤色。

10 → 选用粉色系的腮红，然后在笑肌处打圈涂抹。

9 → 在描画好的眼线上，用眼线液再叠擦一层，让眼线更加持久。

11 → 涂抹上玫瑰色的唇膏，在唇部涂抹均匀即完成整体彩妆。

第 二 组
花园女孩范

💛 开·运·指·点

　　爱幻想的双鱼座女孩，喜欢一些美丽、温柔、可人的事物，花朵就是其中的一项。选用一款带有花朵色的彩妆，更能凸显本身的特质，说不定还能带来罗曼蒂克式的甜蜜恋爱运。

彩妆秘笈

蓝色的上眼妆搭配紫色的下眼妆，
整体感觉非常出彩，虽然没有那么的亮眼绚丽，
却有一种田园中的梦幻感，这种感觉不仅仅是出现在
双鱼座女孩的梦中，画个彩妆也能感受到哦。

魅可
焦点小眼影

抹上一层蓝色的眼影打底！

2 → 做好眼部的打底
工作，在眼部涂抹上一
层哑光白色的眼影打底。

1 → 用粉底刷在脸上
涂抹上粉底，让肤色变
得均匀无瑕。如果脸部想要
看起来小一点，可以适量涂
抹阴影粉，最后要记得用散
粉定妆。

抹上一层哑光白色的眼影打底！

3 → 然后在上眼皮上涂
抹一层蓝色的眼影，从
上眼头一直涂抹到眼尾。

5 → 蘸取浅紫色的眼影，在下眼尾涂抹，增加眼部的色彩感。

4 → 上眼头的眼影可以淡一些，眼中和眼尾的眼影可以稍微加重两笔。

6 → 下眼尾紫色眼影可以涂抹得重一些，到眼中时要逐渐减淡，到眼头时要淡至无影。

8 → 选用红润的粉色系腮红，对着镜子笑一笑，然后在笑肌处打圈涂抹上腮红。

7 → 欣赏一下涂抹后的眼影，眼部的色彩感觉非常清新。

9 → 涂抹上晶莹透亮的粉色唇彩，在唇部涂抹均匀即完成整体彩妆。

五行开运彩妆秀，

气色自调

好幸福

五行
缺金

第 一 组
唯美少女范

♥ 开·运·指·点

　　五行缺金的女孩肤色一般都比较苍白，在彩妆中要利用眼影色和腮红提升整个脸部的神采，只有这样才能弥补五行中的缺失，让整个人焕发出新的光彩。

彩妆秘笈

健康红润的脸庞，迷人的紫色眼妆，加上淡淡粉色的唇妆，都述说着少女的美好情怀，年轻的优势表露无遗，说不定还能带来意想不到的财运呢。

❤ 彩·妆·DIY

1 → 涂抹粉底霜后，用大号的散粉刷蘸取散粉后，在脸部轻轻扫一下，完成底妆的定妆。

谜尚玫瑰保湿控油大散粉

2 → 做好眼部的打底工作，在眼部涂抹上一层哑光白色的眼影打底。

3 → 接着用小号的眼影刷，在上眼皮的眼中处往眼尾处涂抹紫色的眼影。

4 → 利用眼影刷上残留的眼影，在眼影的边沿处晕染刷涂一下。

5 → 描画好眼影之后，再沿着睫毛的根部，用防水的眼线刷描画一条细细的眼线。

6 → 在下眼角也要描画眼线，让眼妆显得更加动人有神。

一定要唇彩才有水润的效果哦！

7 → 将睫毛夹翘，能让眼部看起来忽闪忽闪、像洋娃娃一样，然后涂抹黑色的睫毛膏。

忆自美 3D 动感卷翘睫毛夹

8 → 刷涂睫毛膏时，要尽量拉长睫毛，以增加眼妆的神采。

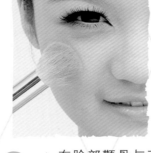

10 → 先涂抹一层润唇膏，然后在嘴唇上涂抹裸色唇彩即可。

9 → 在脸部颧骨与下眼线正中处涂抹上娇嫩的粉色腮红，让脸部气色显得更好。

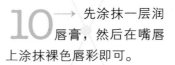

蒙芭拉新魅彩花漾六色眼影+柔纱腮红

在涂抹深色眼影的时候，很多人都掌握不好用量，稍不留神就会涂抹过重，使整体妆容变得非常浓。实际上，只要采取"少量多次"的方法涂抹，就不会出现这个问题了，妆容也会更显美丽逼人。

第 二 组

精致名媛范

♥ 开·运·指·点

　　五行缺金的人相对财运会比较差，在彩妆的描画上不妨从贵气的感觉着手，当然这种质感并不意味着要以金属色系为主色调，而是让妆容更精致一些，更无可挑剔一些，找到属于你的美，找到属于你的高贵范。

彩妆
秘笈

妆容中要透露出贵气感，取决于对细节以及对完美的掌控，毫无瑕疵的底妆，诱人有神的眼妆，自然的唇妆，虽然没有特别显色的颜色，但是却有一种纯粹的高贵气质。

💗 彩·妆·DIY

嘉娜宝
极致定妆散粉

2 → 做好眼部的打底工作，让眼部肤色更均匀，然后在眼部刷涂哑光白色的眼影。

1 → 先用海绵粉扑在脸上均匀地涂抹上粉底液，然后再用散粉刷蘸取少量的散粉定妆，让底妆效果更持久。

3 → 选用属于大地色系的咖啡色，涂抹整个上眼皮。

在眼部刷涂哑光白色的眼影！

迪奥
限量8色眼影

4 → 为增加眼眶的深邃感，可从眼中往眼尾的方向，涂抹得重一些。

在嘴唇中央刷涂唇彩，气场会更显强大！

5 → 蘸取高光粉，在眉弓骨处刷涂上一笔，让眼部的轮廓感更强。

香草花
3D珠光眼影

6 → 闪闪的美睫也是彩妆成功的关键，将睫毛夹翘后，刷涂上有浓密卷翘效果的睫毛膏。

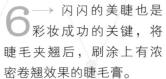

8 → 涂抹上裸色唇膏，然后在嘴唇中央刷涂上同色系唇彩，整体的气场会更显强大。

资生堂 腮红

7 → 选用粉咖啡色系的腮红，对着镜子笑一笑，然后在笑肌处斜向涂抹上腮红。

五行
缺木

第 一 组
清幽假期范

🦋 开·运·指·点

　　五行缺木的女孩，总感觉缺少一种自然的生气，少了一种原生态的清新气息。在彩妆中不妨试着选用明亮的自然色，如绿色、黄色、红色等，让人体会到一种绚丽感，运势也会有所提升。

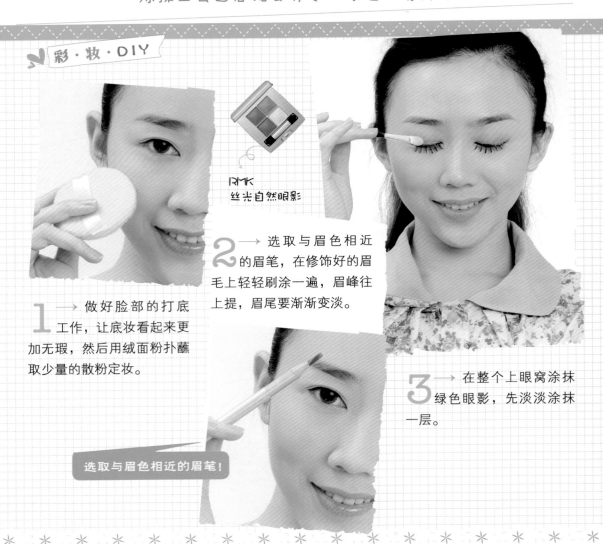

彩妆秘笈

黄色和绿色是比较难以驾驭的颜色，
如果底妆不够白皙，涂抹在眼部之后就会显得很奇怪；
如果底妆做好了，
涂抹上去之后就会有令人惊艳的清新效果哦。

彩·妆·DIY

RMK
丝光自然眼影

2 → 选取与眉色相近的眉笔，在修饰好的眉毛上轻轻刷涂一遍，眉峰往上提，眉尾要渐渐变淡。

1 → 做好脸部的打底工作，让底妆看起来更加无瑕，然后用绒面粉扑蘸取少量的散粉定妆。

选取与眉色相近的眉笔！

3 → 在整个上眼窝涂抹绿色眼影，先淡淡涂抹一层。

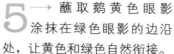
5 → 蘸取鹅黄色眼影涂抹在绿色眼影的边沿处，让黄色和绿色自然衔接。

4 → 然后再加重涂抹一笔，并且把另外一边的眼睛也补涂上。

6 → 在靠近睫毛的根部描画一条自然流畅的眼线，在上眼线周围用蓝色眼线液加涂一笔。

✳ ✳ ✳ ✳ ✳ ✳ ✳ ✳ ✳ ✳ ✳ ✳ ✳ ✳

8 → 蘸取浅蜜桃色腮红，轻轻在脸上笑肌处刷涂上腮红，让气色变得更粉嫩。

7 → 蘸取少量的高光粉，在下眼头处涂抹一下，让眼部的轮廓感更强。

9 → 因为眼妆比较绚丽，在唇妆的处理上可以简单一点，涂抹上晶莹的粉色唇彩就好了。

第 二 组
可爱活泼范

开·运·指·点

　　五行中的"木"可以理解成很多东西，如绿色、大自然、春季等，从个人气质上看，也体现了一种积极向上的能量和活力。如果你不喜欢明亮的颜色，可以试试有活力的彩妆，也能达到增加运势的效果。

彩妆秘笈

彩妆之所以迷人，是因为能让你仿佛看到一个新的自己，五行缺木虽然让你有点不够活力，
但是描画了开运彩妆之后，
大家都看到了你新生的青春力量。

2 → 根据自己的脸型将眉毛修整一番，然后蘸取眉粉，用眉刷刷涂一遍，让眉毛显得更加立体有型。

用眉粉涂一遍，让眉毛更加立体有型！

1 → 如果脸上有肤色不均的情况，首先要用粉底液修饰均匀；涂抹完毕后，还要蘸取适量的散粉进行定妆。

选描画"隐形"的眼线！

3 → 尽量翻开上眼皮，描画内眼线，内眼线又被称为"隐形"眼线，效果非常自然。

资生堂眉粉盒

4 → 选取一副仿真假睫毛，在眼睛上比对一下，然后修剪一番后再贴上去。

5 → 蘸取少量的黑色眼影，在上眼皮上刷涂两笔，然后晕染开来，不要涂抹得太重。

在嘴唇上先涂抹一层润唇膏！

香奈儿
魅惑六色眼影

6 → 越是在眼影的边沿，越是要涂抹得淡一些，这样眼妆才有明显的层次感。

7 → 选用蜜桃色的腮红，用大号腮红刷在脸部颧骨笑肌处横向涂抹上腮红。

8 → 在嘴唇上先涂抹一层润唇膏，然后叠擦一层透亮的浅玫瑰色唇彩即可。

贝玲妃
幼滑丰润口红

五行缺水

第 一 组
温柔美人范

💕 开·运·指·点

　　五行缺水，肌肤会显得比较干燥，旁人对你的印象总是离不开"男人婆"等字眼。有没有想过利用彩妆让自己变得柔美一些呢？说不定心仪的对象也会对你滋生爱慕之情哦。

蓝色会让人想到大海，
在眼睛上描画水样的蓝色，搭配上如水一般的闪烁
唇妆，就是女人最美好的表现，
还有放松心情的惬意效果。

彩妆
秘笈

♥ 彩·妆·DIY

1 → 如果脸上有肤色不均的情况，首先要用粉底液修饰均匀；涂抹完毕后，还要蘸取适量的散粉进行定妆。

迪奥
驻颜焕采散粉

2 → 根据自己的脸型将眉毛修整一番，然后选用与发色相近的眉笔。

3 → 用眼影棒在上眼皮眼褶处刷上蓝色的眼影。

4 → 越往上越淡，而靠近睫毛处则可以多刷两下。

5 → 接着把另外一只眼睛也刷涂上同色眼影，两边眼影的浓淡程度要保持一致。

6 → 在睫毛根部画上一条纤细的眼线，眼尾处可以适当延长2毫米。

7 → 蘸取一点银色的眼影，在下眼头处轻轻点上两笔，让眼妆显得更加闪耀。

一定要涂两层才有水润的效果！

波比布朗
携带式腮红刷

8 → 蘸取少量的高光粉，在眉弓骨处涂抹一笔。

9 → 选用蜜桃色的腮红，用大号腮红刷在脸部颧骨笑肌处横向涂抹上腮红。

10 → 在嘴唇上先涂抹一层润唇膏，然后叠擦一层透亮的玫瑰色唇彩即可。

兰蔻
流光炫色唇彩

第 二 组

韩式粉红范

💜 开·运·指·点

　　五行缺水，脸庞往往显得不够润泽。在彩妆上让肌肤变得红润一点，整个人洋溢出一种粉红感，这也是一种招来好运的画法，粉粉嫩嫩的肌肤好像就能掐出水来一般。

彩妆
秘笈

整体妆感比较淡雅，但是其红润感和清透感都不能忽略，在妆前做好保湿工作，底妆会更显清透，彩妆的持久度也会得到显著提升。

彩·妆·DIY

1 → 在脸部均匀地涂抹完粉底后，用大号的散粉刷在脸部整体刷涂一下，让底妆的效果更服贴。

香奈儿四色眼影

2 → 接下来选用巧克力色的眼影作为眼妆的主色调。

3 → 在靠近睫毛处刷上一层淡淡的巧克力色眼影，然后在眼中向眼尾加涂两笔。

4 → 在下眼尾也刷涂一点巧克力色的眼影，从眼尾往眼中的方向进行刷涂。

5 → 使用中号的粉刷，扫除残留在眼下肌肤上的余粉。

6 → 方向宜从里向外，用刷子扫除是最好的方法。

7 → 采取根部、中部、尾部分段夹取的方式，将睫毛夹翘。

贝玲妃
眉毛造型刷

摁一摁效果更好！

8 → 稍后涂抹上浓密纤长型的睫毛膏，睫毛要根根分明又卷翘。

9 → 选用粉色系的腮红，对着镜子笑一笑，然后在笑肌处斜向上涂抹上腮红。

10 → 涂抹上裸粉色唇膏，然后在嘴唇中央刷涂上唇彩。

魅可
防晒裸色唇膏

五行
缺火

第 一 组
娇艳诱惑范

开·运·指·点

　　五行缺火的女性在性格上比较温婉，不会轻易发脾气，气质也比较内敛。可是一直这样会不会有点沉闷？来个绚丽的彩妆，让自己娇艳火辣一把，还能弥补"火气"的缺失哦。

彩妆秘笈

整体妆容有一种玲珑的美感，仿佛宣扬着女性百变的风情，而这一次的主题风情是"火辣"，眼部在绿色和蓝色堆叠中尤其迷人，而嘴唇就好像娇艳的小辣椒一般。

❤ 彩·妆·DIY

香奈儿
青春光彩保湿粉饼

1 ──→ 首先用化妆海绵蘸取粉底液后涂抹在脸上，尽量将脸部的肤色涂抹均匀。

用眉笔填满中间的空隙处！

2 ──→ 之后再用散粉刷蘸取散粉定妆，这一步可以让妆容变得持久，并防止脱妆。

3 ──→ 修整一下眉形，将眉峰向后移一点，把眉形修高一点，然后使用眉笔填满中间的空隙处，接着用眉刷沿着眉形梳理一下。

5 → 接着用蘸取湖蓝色的眼影，涂抹在上眼中到眼尾处。

4 → 在眼部涂抹专用的打底膏，然后用中号的眼影刷蘸取黄绿色眼影薄薄地在上眼头涂抹一点。

6 → 使用防水、防油的眼线笔在靠近睫毛的根部画上下眼线。

气色看起来更好了！

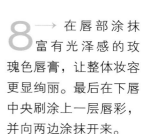

露华浓
唇彩

7 → 沿着下颌骨向颧骨处以扇形的手法扫上粉色的腮红，让脸部气色看起来更好。

8 → 在唇部涂抹富有光泽感的玫瑰色唇膏，让整体妆容更显绚丽。最后在下唇中央刷涂上一层唇彩，并向两边涂抹开来。

第 二 组
热辣性感范

🐰 开·运·指·点

　　女人五行缺火，就好像缺少了一种诱人的磁场。在彩妆中试着描画一些充满诱惑感的妆容，激情的火苗就会在你和他之间迅速点燃，恋爱的甜蜜度也会直线上升。

嘴唇是女人五官中最性感的部位，
尤其是炽热的红唇，总能勾起人心中那一把激情的
火焰。选用大红色的唇膏，
是整体妆容中点睛之笔。

❤ 彩·妆·DIY

1 → 做好脸部的打底工作，用化妆海绵拍涂上粉底液，让底妆看起来更加无瑕。

迪奥凝脂
紧致粉底液

2 → 接着用散粉刷蘸取少量的散粉定妆，在容易脱妆处可多刷涂。

3 → 选取与眉色相近的眉粉，轻轻在修饰好的眉毛上刷涂一遍，眉峰往上提。

4 → 蘸取黑色眼影涂抹在双眼皮和眼尾的部位，让眼部看起来显得非常深邃。

5 → 下眼尾可以用眼影刷上的余粉，淡淡地涂抹一层。

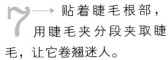

7 → 贴着睫毛根部，用睫毛夹分段夹取睫毛，让它卷翘迷人。

6 → 在黑色眼影的周围，刷涂上浅咖啡色眼影，让眼部的颜色形成一个深浅过渡。

8 → 接着刷涂上有卷翘纤长效果的睫毛膏，并用眉睫梳梳理一下，让睫毛变得根根分明。

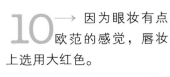

10 → 因为眼妆有点欧范的感觉，唇妆上选用大红色。

9 → 蘸取浅蜜桃色腮红，轻轻在脸上笑肌处刷涂上腮红。

11 → 用唇刷蘸取大红色唇膏，细致地刷涂。如果有描画出界的情况，可以用小棉签拭去。

五行
缺土

第 一 组

耀眼公主范

❤ 开·运·指·点

　　五行缺土会感觉不接地气，整个人与环境都有点格格不入。没关系，画一个既耀眼又亲和的公主妆，让你在保留高贵气质之余，还能变得更有魅力，人际关系也会随之变好。

彩妆秘籍

五行缺土并不意味着妆容要黄黄的才行，
其实简单的底妆加眼妆，配上橘红色唇妆，
自然就能取得魅力大增的效果。你的范儿还是那么足，
可是亲和力却倍增了。

彩·妆·DIY

香奈儿
三色眉粉

2 → 选取与眉色相近
的眉笔，轻轻在修饰好
的眉毛上描画一遍，眉峰往
上提，眉尾要渐渐变淡。

1 → 涂抹粉底霜后，
用大号的散粉刷蘸取散
粉后，在脸部轻轻扫一下，
完成底妆的定妆。

3 → 蘸取少量的眉粉，
用眉刷轻轻在眉毛上刷
涂一遍，眉头要晕染一下，
这样眉形会更自然好看。

用眉笔在修饰好的眉毛上描画一遍！

5 → 蘸取少量的黑色眼影，在尽量靠近睫毛根部的地方涂抹一下。

4 → 蘸取咖啡色的眼影，均匀地涂抹在上眼皮上。

6 → 选取自然色系的腮红，轻轻在脸上笑肌处刷涂两下，这种颜色会提升肌肤的质感。

✳ ✳ ✳ ✳ ✳ ✳ ✳ ✳ ✳ ✳ ✳ ✳ ✳ ✳ ✳ ✳ ✳ ✳

8 → 涂抹时，先点在嘴唇中央，然后向两边均匀抹开。

7 → 做好唇部的打底工作，选取橘红色的唇膏涂抹在嘴唇上。

9 → 整体涂抹完毕之后，可以再叠擦一层闪亮的唇彩，增加唇妆的水润质感。

第 二 组

高贵撩人范

💜 开·运·指·点

　　在五行上火生土，把自己打扮得高贵一些、火辣一些，也能很好地补益这种五行上的缺失。下面推荐一款立体而高贵的彩妆，开运效果极佳，缺土的女孩不妨试试。

立体的妆容是五行缺土女孩的最佳选择，
玫红色眼妆楚楚动人，浅玫色的唇妆超级娇嫩，
只要手法正确，
小心上妆，也能把自己变得很漂亮呢。

彩妆
秘笈

♥ 彩·妆·DIY

贝玲妃
自然浓密假睫毛

2 → 选择一副假睫毛，比对好眼形的大小后，粘贴在眼睛上，让眼部的神采感更好。

1 → 蘸取粉底液后涂抹在脸上，尽量涂抹均匀；之后再用散粉刷蘸取散粉定妆，这一步防止脱妆。

3 → 用小号的眼影刷蘸取玫红色的眼影，均匀地涂抹在上眼皮，下眼睑也淡淡地刷涂上一笔。

选择一副与眼形相似的假睫毛！

4 → 蘸取眼线膏，然后在靠近睫毛根部的地方描画一条自然的眼线，眼尾可以向后延长。

滋润的唇膏可以修饰唇纹！

5 → 描画到上眼尾的位置之后，再直接描画到下眼中的位置，淡淡的就行了。

瑞比时
便携睫毛夹

6 → 选用中号的眼影刷，蘸取一点点的白色眼影，在眉弓骨轻轻扫上一笔。

8 → 在嘴唇上先涂抹一层润唇膏，然后叠擦一层透亮的浅玫瑰色唇彩即可。

7 → 选用蜜桃色的腮红，用大号腮红刷在脸部颧骨笑肌处横向涂抹上腮红。

日月晶采
映彩腮红

阴阳协调彩妆秀，脸型五官

巧遮缺憾

肤色暗沉，
绝美底妆来解救

Before!

开·运·指·点

　　暗沉的肤色会让你显得比同龄人老好几岁，甚至还有一种"倒霉气"围绕的感觉，运气自然没有明亮肤色的女孩来得好。因此在拯救脸部缺憾之时，暗沉的肤色是首先要消除的，否则之后的开运彩妆也无从谈起。

彩妆
秘笈

暗沉肤色在平时要注重防晒和补水两项功课。
在底妆修饰上可选择饰底乳和粉底液，先用饰底乳
打底，然后再涂抹粉底液，
这样暗沉的肤色才能完全隐形。

❤ 彩·妆·DIY

1 → 肤色如果暗沉发黄，可以选用紫色的饰底乳，从脸颊、额头开始涂抹，这种颜色的饰底乳可以修正肤色，还能够打造出更好的妆效。

玛莉官改肤饰底乳

2 → 然后选取与肤色相近的粉底液，用海绵粉扑涂抹于脸部，要保证涂抹均匀。

3 → 经过上面两步之后，暗沉的肤色有所改善，这时继续用海绵粉扑拍打按压。

4 → 对于肤色比较暗沉的部位，如鼻翼、嘴角等处，可以多拍打。

5 → 选用裸色的散粉，用散粉刷轻轻在脸上刷涂，可以增加底妆的持久性。

6 → 完成对底妆的修饰之后，要一改以前灰头土脸的样子，尝试亮色系的眼影，让自己变得更有朝气一些吧。

7 → 眼影涂抹完毕之后，选用小号的刷子蘸取黑色眼影，在睫毛附近细细地涂抹一笔，这种画法有别于眼线的生硬感。

配上充满少女气息的粉色唇彩！

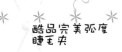

酷品完美弧度睫毛夹

8 → 下眼尾也不要忽视，让整体看起来自然柔和。

9 → 之前暗沉肤色涂抹上腮红后，显得超级奇怪。可在肤色变白之后，几乎所有的腮红色都能很好地吻合。

10 → 再配上充满少女气息的粉色唇彩，想不变美都难呢。

妙巴黎烘培胭脂

修饰肤色不均，
手法刷法很关键

Before!

开·运·指·点

　　肤色不均是位于肤色暗沉之后的第二大肌肤问题，底妆如果不做好，脸上白一块、黑一块，开运效果自然好不到哪里去。只有肤色均匀一致、细腻光泽的好底妆才能吸引众人的眼球，你也能获得好运的青睐。

彩妆秘笈

肤色不均的人，
在底妆上要选用两种色号的粉底液来进行涂抹，
一旦涂抹在脸上之后要迅速推匀。
同时中央区是脸部开运的重要位置，要保持明亮感。

彩·妆·DIY

柏雅润白遮瑕
粉底霜

1 → 可以看出额头、脸颊边有明显的肤色不均，在修饰时应选用深浅两个色号的粉底液搭配，使用前先用手指点擦一遍。

2 → 然后再在颜色偏深的地方，涂抹浅一号的粉底，这一步应该用粉底刷涂抹。

3 → 接着在脸部中央区涂抹上珍珠白的提亮液，让五官更加突出。

用粉底刷涂抹效果更好！

5 → 对着镜子查看一下，跟之前的肤色对比，脸上的肤色是不是变得均匀了许多？

4 → 提亮液在脸部涂抹均匀之后，再用散粉定妆，即完成了对肤色不均的修饰。

6 → 然后涂抹眉粉，完成一个简单的裸妆，将修饰好的眉形补涂完毕，眉尾要淡一点。

描画眉形，让其更饱满！

爱娜丝
玫瑰唇露

7 → 如果中间出现了空隙处，可以用眉笔一一描画，让眉形更加饱满。

8 → 在嘴唇上先涂抹一层润唇膏，然后叠擦一层透亮的浅玫瑰色唇彩即可。

扁平脸变立体，
闪亮变身成美女

Before!

♥ 开·运·指·点

　　大多数东方人的脸型都比较扁平，从面相上来说是一种不讨好的脸型，显得面相较苦。而鹅蛋脸就是一种最佳的脸型。把扁平的脸型变得立体起来，需要在脸部涂抹阴影粉，重塑五官的轮廓，就能让你的面目焕然一新。

彩妆秘笈

可以在脸部中央区使用比较明亮的色号，在脸庞的边沿涂抹深一色号的阴影粉，在视觉上玩一个色差的小游戏，然后将眉妆和眼妆突出，这样脸就变小了。

♥ 彩·妆·DIY

1 →做好脸部的打底工作，是任何彩妆都不能忽视的一步。

2 →在颧骨下方和脸颊边沿，斜向上涂抹阴影粉，可起到瘦脸效果。

3 →要想瘦脸、突出五官，在眉形的描画上，不妨稍微画得粗一些。

4 →选取带闪片的浅贝壳色，这款色彩是非常安全的颜色，不挑人，并且美妆效果不错。

5 →在上眼皮均匀地涂抹上浅贝壳色眼影，从眼头刷到眼角即可。

6 →然后蘸取少量的黑色眼影，贴着睫毛根部，画上一条自然而柔和的"隐形眼线"。

8 → 完成上一步之后，再选取一副假睫毛，在眼睛上比对一下大小。

7 → 再将睫毛夹翘，然后刷涂上卷翘纤长的睫毛膏。

9 → 修剪一下假睫毛，然后涂抹上专用的胶水，粘贴到睫毛上，贴好后可以用细笔杆稍微抬一下假睫毛。

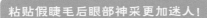

粘贴假睫毛后眼部神采更加迷人！

11 → 沿着下颌骨向颧骨处以扇形的手法扫上粉色的腮红，让脸部气色看起来更好。

10 → 看看粘贴了假睫毛后，眼部神采是不是更加迷人了，并且睫毛的形状也超级自然呢?

12 → 在唇部涂抹富有光泽感的玫瑰色唇膏，让整体妆容更显青春靓丽感。

修补眉尾，
把不完美变完美

Before!

开·运·指·点

　　无论如何，眉毛都应比眼尾长一点才好看，古人说的"眉长过目即良相"就是这个意思。如果没有眉尾，或者眉毛中间断掉了，都属于不吉利的面相，一定要进行精心的修补。

如果眉尾很短或很稀疏也不用太介意，
因为使用眉笔或者眉粉，也能描画出得体的眉形，在确
定好的眉峰后面，慢慢向后延伸一点，
有一定的弧度就行了。

彩·妆·DIY

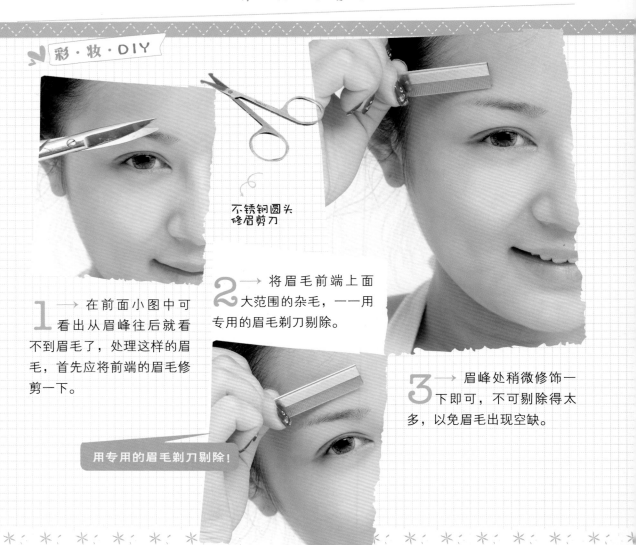

不锈钢圆头
修眉剪刀

1 → 在前面小图中可
看出从眉峰往后就看
不到眉毛了，处理这样的眉
毛，首先应将前端的眉毛修
剪一下。

2 → 将眉毛前端上面
大范围的杂毛，一一用
专用的眉毛剃刀剔除。

用专用的眉毛剃刀剔除！

3 → 眉峰处稍微修饰一
下即可，不可剔除得太
多，以免眉毛出现空缺。

4 → 选用棕色的眉粉，用眉刷在眉毛上轻轻描画一番。

轻轻向后带一下描画即可！

5 → 尽量用眉刷上的余粉描画眉头，这样出来的效果更加自然。

卡姿兰大眼睛俏眉
立体双色眉粉

6 → 然后再蘸取眉粉，刷眉峰至眉尾的部位，眉尾可以自然向后延长2毫米。

8 → 用眉笔画眉尾时，轻轻地向后带一下即可。到这里，眉毛的修补就完成了。

7 → 如果觉得颜色有点暗，可以用眉笔轻轻点化一下，增加眉毛的着色度。

丝谜旋转眉笔

双眼无神，
眼线让你判若两人

Before!

开·运·指·点

　　无神的双眼，看起来就好像精神不佳，跟旁人聊天时对方也会觉得你不重视他。不如试着描画一下眼线吧，让眼部轮廓变得明亮清晰起来，眼睛会顿时变得有神，这些都能帮你获得好财运、事业运和桃花运哦。

如果想让眼神瞬间有神起来，
最好选择黑色的眼线，可以使用眼线笔或者眼线膏，
描绘时，都应尽量画得流畅且自然，
千万不可以画得太粗。

♥ 彩·妆·DIY

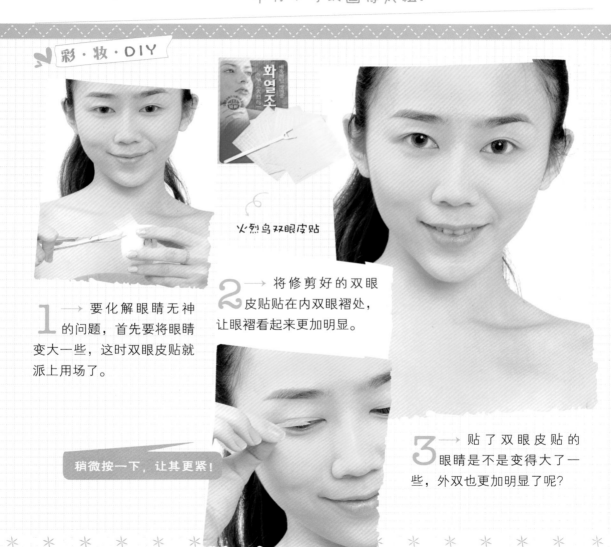

火烈鸟双眼皮贴

1 → 要化解眼睛无神的问题，首先要将眼睛变大一些，这时双眼皮贴就派上用场了。

2 → 将修剪好的双眼皮贴贴在内双眼褶处，让眼褶看起来更加明显。

稍微按一下，让其更紧！

3 → 贴了双眼皮贴的眼睛是不是变得大了一些，外双也更加明显了呢？

5 → 接下来描画眼中到眼尾，在眼尾的地方稍微拉长一下，这样能够增加眼的长度。

4 → 用手指抬起上眼皮，从上眼头描画至眼中，要细致地填满此处睫毛和睫毛之间的空隙。

6 → 然后画另外一只眼睛。如果想追求明显的效果，可以在描画时适当加粗眼线的宽度。

查看眼线的对称度！

娇兰流金眼线笔

7 → 看看两边眼线的粗细和眼尾上翘弧度是否一致，不对称时可以用棉签擦拭，再调整一下。

8 → 最后对着镜子看一看，跟之前比是不是差别很大呢？不仅眼睛变得有神了，人也变好看了。

内双眼也能画出迷人眼妆

Before!

开·运·指·点

　　内双眼虽然自有动人之处，但是如果眼睛再大一点、双一点，的确能让眼睛看起来更加明快，还会给人更加平易近人的感觉。利用彩妆修饰一下自己的内双眼，不仅能马上拥有迷人双眼，更能带来绝佳桃花运。

彩妆秘笈

很多内双眼的女孩在化妆的时候，觉得无论怎么画，睫毛都会被上眼皮盖住，无法外翻出来，眼影也压在了眼褶里面，眼妆看起来非常浮肿，这时不妨试试使用双眼皮贴。

♥ 彩·妆·DIY

1 → 内双的眼形在素颜的时候会显得没有精神，因此只能靠化妆技巧去弥补缺憾了，而双眼皮贴就是必不可少的帮手。

2 → 将双眼皮贴按压在眼睛上，尤其是头和尾要按压紧一点，如果觉得太明显，可以在上面用指腹按压一点蜜粉遮盖。

巴黎绯黛美丽磨坊4色眼影

看看眼睛的变化吧！

3 → 贴了双眼皮贴之后，眼睛是不是变得稍微有精神了呢？

4 → 蘸取白色眼影，在上眼头处涂抹一下即可。

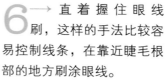

6 → 直着握住眼线刷，这样的手法比较容易控制线条，在靠近睫毛根部的地方刷涂眼线。

5 → 接着在眼尾涂藏蓝色眼影，眼尾加重，向眼中处晕染。

7 → 两边的眼线要描画得清晰一致。

9 → 刷涂上卷翘纤长型睫毛膏，让真假睫毛合为一体。

8 → 选取一副假睫毛，在眼睛上比对一下，然后修剪一番后再贴上去。

10 → 到这里，对内双眼的修饰就完成了，看看是不是比之前要迷人多了呢？

睫毛稀疏，
让自然美睫拯救你

Before!

开·运·指·点

　　浓密而纤长的睫毛效果可以提升桃花运和整体的运势，是化妆中尤其不能忽视的地方。试想眼影的颜色搭配十分美丽，可是睫毛稀稀拉拉的，显然不能构成开运的效果，因此，打造魔力美睫势在必行。

卷翘动人的美睫一向都是女人的秘密武器，只要眼睛明亮有神，再加上睫毛的修饰，放电指数立马飙升。想让稀疏的睫毛变得丰盈卷翘起来，就要准备好睫毛膏和假睫毛两样法宝。

彩·妆·DIY

广角睫毛夹

再用眼线刷晕染一下！

1 → 稀疏的睫毛也会让眼部的神采大打折扣，为了让之后美睫效果更佳，提前描画一条眼线是非常必要的。

2 → 为了让眼线更自然，描画好之后可以再用眼线刷晕染一下。

3 → 用睫毛夹从睫毛根部夹住整片的睫毛，使睫毛从根部向上翘，然后再移到中部夹住，最后滑动到尾部。

4 → 刷涂上睫毛膏，让真睫毛的浓密和卷翘程度都直线上升。

美睫是不是浓密卷翘了？

5 → 刷涂时，应贴着睫毛根部向上顺带着向尾部拉伸，这样形状会更好看。

东洋逸品假睫毛

6 → 虽然刷涂过睫毛后，睫毛不再像之前那么稀疏了，但是为了达到更好看的效果，还要借助假睫毛。先将假睫毛弯一下。

8 → 看看粘贴上假睫毛的双眼，是不是更加妩媚动人了呢？

7 → 然后用专用小剪刀修剪睫毛，把两头多出的部分剪掉。在假睫毛上涂抹上专用胶水，用镊子夹住假睫毛中间对准眼角中部粘上去。

玛丽佳人
双眼皮胶水

嘴唇偏薄，
变换饱满靓唇更诱人

Before!

♥ 开·运·指·点

嘴唇在我们的面部是一个很重要的部位，其饱满的形状也是衡量美丽的标准。嘴唇偏薄会有一种福气不够的感觉，为了让自己的嘴唇显得丰满，可以用唇线和唇彩制造出丰盈的效果。

彩妆秘笈

诱人的美唇在开运彩妆上有画龙点睛的效果，
如果嘴唇过于单薄，不妨先用唇线笔将上下唇都描
画得稍厚一点，配合上扬的嘴角，
是最佳的开运唇妆比例。

❤ 彩·妆·DIY

勾画出自己想要的唇部轮廓！

1 → 首先在唇部边缘线上均匀地涂抹上唇部打底膏或者遮瑕膏，并用粉扑向唇中央抹匀。

2 → 接着使用浅色的唇线笔，勾画出自己想要的唇部轮廓，先从下唇唇峰边沿开始画起。

浮生若梦粉底液

3 → 然后慢慢将下唇的唇形画完，可以稍微外扩一些，让唇形更加饱满。嘴角画稍微上扬一点。

5 → 然后在唇部中央使用润唇膏打底，让唇部获得充足的滋润。

4 → 把上唇唇线也画满，在描画时可以将上唇的唇峰再向上画一笔，显得更圆润一些。

6 → 在已勾画好的下唇中央使用充满女人味的桃红色唇膏。

最后涂抹唇彩增加透亮度！

绯闻女孩EOS球形天然润唇护唇膏

7 → 然后把上唇也涂抹上，注意唇膏一定要涂抹得均匀，最后再涂抹唇彩增加透亮度。

8 → 看看嘴唇是不是变丰盈了许多，整个人也变得有魅力了呢？

让五官变精致，
苏醒沉闷脸庞

Before!

开·运·指·点

　　美丽建立在先天遗传和后天改变的基础上，如果天生五官不够突出，也不要太过于泄气，通过化妆完全可以将你的五官突显出来，将你的优点扩大，缺点隐形起来，这时你再看镜子中的自己，自然就会产生自信，负面能量也会消失。

彩妆
秘笈

找到自己的优点，将这个优点放大，其他地方补充点缀。如这位美眉，脸型非常有优势，只是五官不明显，那么我们将眼睛、眉毛、唇部妆容画精致一点，面貌就会截然不同。

彩·妆·DIY

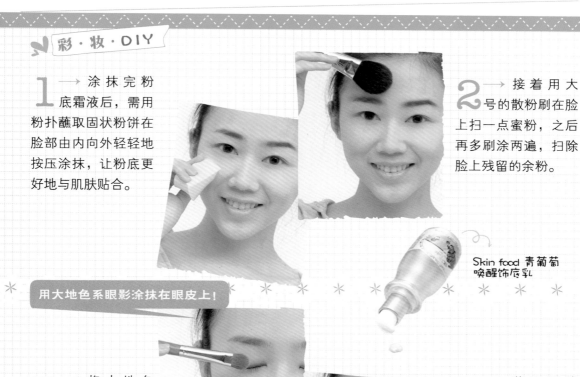

1 → 涂抹完粉底霜液后，需用粉扑蘸取固状粉饼在脸部由内向外轻轻地按压涂抹，让粉底更好地与肌肤贴合。

2 → 接着用大号的散粉刷在脸上扫一点蜜粉，之后再多刷涂两遍，扫除脸上残留的余粉。

Skin food 青葡萄唤醒饰底乳

用大地色系眼影涂抹在眼皮上！

3 → 将大地色系眼影涂抹在眼皮上，以增加眼妆的朦胧感。

4 → 蘸取眼线膏，用眼线刷描绘内眼线，上下眼睛都要画。

6 → 再粘贴上一副大小吻合的假睫毛，让眼睛显得更娇美迷人。

5 → 从根部、中部、尾部分三段夹一下睫毛，然后刷上睫毛膏。

7 → 完成眼妆之后，再稍微修饰一下眉形，用眉刷蘸取眉粉在眉形上轻轻点化。

✳ ✳ ✳ ✳ ✳ ✳ ✳ ✳ ✳ ✳ ✳ ✳ ✳ ✳ ✳ ✳

9 → 用腮红刷蘸取适量的腮红，在手背点涂一下后，再沿着笑肌的方向采取打圆的方式涂抹。

8 → 注意在眉尾要自然延长，同时要逐渐变淡为佳。

10 → 用唇刷蘸取喜欢的口红颜色，描绘唇形；再使用唇彩，让唇部看起来更丰满水润。

护肤很关键,

彩妆清透

福气来

★ 彻底清洁，肌肤才好轻松上妆 ★

开·运·指·点

脸部肌肤好坏也关系着运气的好坏，如果肌肤看起来很不干净，像是被蒙上一层东西，我们的好运气也会跟着被挡住。肌肤干净透亮的女孩，运气才能羡煞旁人。

清洁秘笈

清洁这个护肤步骤，想必是很多女性每天都会做的护肤功课之一。
可是怎样清洁才能达到最佳的护肤效果呢？
必须要掌握正确的清洁手法，
才能越洗越清透、越洗越美丽，把好运也通通洗出来。

清·洁·步·骤

1 → 首先一定要把洁面产品倒在手心里，充分打起泡沫，这一步非常重要。

2 → 然后从下巴开始打圈按摩清洗，这里最容易积累代谢物。

3 → 接着呈螺旋状按摩，一直清洗到脸颊部，这种按摩方法可以将毛孔中的污物带出来。

4 → 再慢慢移到额头，这里是皮脂分泌最明显的地方。

美肤宝自然白
洗面奶

5 → 顺势从额头中央从上往下清洗鼻梁以及两侧，这里是容易藏污纳垢的地方，如果鼻子上有黑头可以多按摩一下。

6 → 整个脸部按摩清洗一遍之后，如果觉得有清洁不到位的地方，可以再按摩一下。

7 → 清洗完毕之后，先用温水将脸上的泡沫冲去，然后再用冷水冲洗以收紧毛孔。

8 → 选用超柔软的毛巾将面部的水分拭去，记住一定是轻轻地吸干面部水分，而不是擦干。

★ 细致补水，飙升肌肤保水力 ★

脸部肌肤有着良好的保水力，不仅肌肤看起来非常的透亮，同时整个脸庞也会显得特别圆润有张力，而此时整个人的运势也会跟着提升。

补水对肌肤的重要性毋庸置疑，
很多人都知道在清洁护肤工作完毕之后，要及时在脸上擦涂爽肤水，
但除此之外，你还需知道无时无刻不在的补水法，
让肌肤焕发出最充盈的保水力。

喷雾式化妆水	尤其是白领一族，一定要在包包里带上一瓶化妆水。与喷雾式矿泉水不同的是，喷雾式的化妆水通常都经过了乳化，更有利于肌肤吸收。可以在觉得肌肤干燥的情况下用，也可以在需要补妆的情况下用，喷了以后不要马上擦拭，应当先轻拍一下后，再拭去多余的化妆水。
化妆水 +纸面膜	等到季节更替之时，或者肌肤比较干燥的情况下，可以将平时使用的化妆水，倒在纸面膜上，往脸上一贴，过10分钟后揭下，并轻轻拍打按压脸部，然后涂抹上保湿滋润霜，这对于缺水的肌肤很有效果。
补水面膜	如果肌肤非常干燥，又要上妆，这时补水面膜就派上用场了。否则妆就不容易贴合肌肤，而是浮在肌肤的表面。而补水面膜可以补充肌肤角质流失的水分，缓解干燥的肌肤状况，是妆前肌肤的"急救品"。
补水保湿 不分离	补充水分更要锁住水分，在脸上拍涂上化妆水后，可不要以为万事大吉了，还应该及时涂抹上保湿面霜，才能将之前拍上的水分子紧紧锁住，而不被空气蒸发掉。

❤ 补·水·步·骤

1 → 用化妆棉蘸取足够的化妆水，由额头中央向两侧一直到太阳穴的方向，滑动涂抹化妆水。

2 → 从两眉中间向鼻尖涂抹化妆水，由上往下涂抹2~3次，这个部位最容易堆积污垢。

3 → 接着从嘴角开始，通过鼻子下方，轻轻围绕嘴唇周围涂抹一遍，顺时针或逆时针方向都可以。

4 → 从颧骨下方往太阳穴的方向，斜向上涂抹爽肤水，这种逆着毛孔的涂抹方式，更能带出毛孔中的脏东西。

5 → 然后在容易出现干纹的部位轻轻拍涂上爽肤水，比如眼下的位置，即从内眼角向眼尾轻轻滑过，按压一下。

6 → 如果想要达到收缩毛孔的效果，可用化妆棉从下往上轻轻提拉和拍打肌肤。

★ 眼部滋养攻略，守护"睛"彩双眸 ★

开·运·指·点

　　眼睛是开运的一个关键，看看那些正处于好运中的女性们，哪个不是眼部神采奕奕？而如果你的眼部不幸出现了一些问题，如黑眼圈、小细纹、眼袋等，它们就会让你的魅力指数大大下降。守住眼部肌肤的健康，就是守住你的好运气。

保养秘笈

　　在上妆时遮都遮不住的黑眼圈，或者上眼皮的褶皱处会出现"卡粉"的情况，保养不当就会让这些眼部肌肤问题越加明显。你的眼霜是否使用正确，擦涂的手法是否标准？而眼部肌肤保养的细节，你是否都知道呢？

1 根据情况选用眼霜　　选对一种好的眼霜非常重要。在擦涂眼霜之前，首先要了解自己有哪些眼部问题，如有眼尾下垂，就选紧致眼霜；有细纹干纹，就选补水滋润型眼霜；有黑眼圈，就选促进代谢的眼霜。

2 涂抹力度很关键　　在擦涂眼霜时，动作一定要轻柔，不然还会加重皱纹；也不要过度地摩擦，否则会导致皮肤过敏和红肿。在涂抹方向上，最好按照顺时针的方向，最忌讳的就是不同方向来回涂抹。

3 改变习惯　　如果你对照镜子仔细观察一番，可能左右眼的细纹在深浅上还真有所不同，这种不对称的结果，跟平时的生活习惯有着很大的关联。比如睡觉的时候总喜欢压着某半边脸；平时爱揉眼睛；右手对右眼特别顺手，在按摩中会不由自主地用力一些。

眼·霜·涂·抹·步·骤

1 → 取适量的眼霜在无名指上，而眼霜的分量可以根据其质地来控制。将两手无名指重合，匀开眼霜的分量。

2 → 将无名指轻轻点在眼头的方向，慢慢涂抹按摩至眼中。

3 → 再由眼中按摩至眼尾，在眼周肌肤涂抹的量要平均。

4 → 涂抹到眼尾时，要尽量提拉一下，可缓解眼角下垂而产生的皱纹以及鱼尾纹。

5 → 整体涂抹完一遍之后，要再从眼头到眼尾进行环形的提拉按摩，并轻轻施力拍打一下。

6 → 最后对眼部进行放松式的涂抹，用指腹轻压眼周肌肤，以帮助其吸收眼霜的营养成分。

★ 全效面霜，激活青春原动力 ★

开·运·指·点

如果肌肤状况极差，看起来一点都不润泽，就会破坏原本的好运气，运势也会跟着走下坡路。这时想要通过彩妆开运，只能先给予肌肤全面的滋养润泽，才能让肌肤保持最佳的状态，其中涂抹面霜就是一个不错的选择。

柏卡姿杏仁
蜡菊保湿霜

滋养秘笈

使用面霜是肌肤在涂抹完化妆水后最重要的一步，如果忽略了面霜步骤，就相当于基础的保养工作没有完成，之前补充的水分也会因为没有面霜锁住而流失。

因此，选择一瓶好的面霜是非常重要的。此外还需兼具正确的涂抹手法，如果在涂抹结束之后，能有针对性地按摩一下，就更能让肌肤保持年轻美态了。但是，在此之前必须得选一瓶适宜的面霜哦。

早晚有别	● 肌肤早晚的需求会有所不同，一般情况下需购置两瓶面霜，白天使用的面霜通常以防护为主，而晚上使用的面霜一般以滋润为主。
质地因肤质而异	● 面霜的质地通常分为啫喱、乳液、滋润霜三种类型。如果是油性肤质比较适合啫喱型的面霜，混合型肤质则适用于乳液，而干性的肤质则适合用滋润面霜。
根据季节选择	● 春季可以直接根据肤质的情况选择面霜；夏季空气中的水分多，可以选择质地薄一点的面霜或者乳液；秋冬两季比较干燥，肌肤分泌的油脂减少，因此要选用滋润一点的面霜，才能牢牢锁住肌肤的水分。

面·霜·涂·抹·步·骤

1 → 两手的美容指从嘴角由下向上沿着脸部轮廓涂抹面霜，一共进行3次。

2 → 然后从脸颊往颧骨方向画3个大圈涂抹，画圈的力度要均匀。

3 → 回到脸颊中点上的时候，再画小圈按摩涂抹面霜。

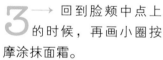

薇姿温泉矿物保湿霜

用手掌轻轻包裹一下肌肤！

4 → 接着两手交替提拉脸颊的肌肤，从下往上涂抹按摩，让肌肤记忆住这个状态。

5 → 涂抹完额头和下巴之后，最后用手掌轻轻包裹一下肌肤，利用手部的余温帮助面霜被迅速吸收。

脸·部·抗·皱·按·摩·法

1 → 嘴角是很容易出现下垂的地方，我们先从嘴角开始按摩。

欧莱雅复颜抗皱
紧肤滋润晚霜

2 → 在涂抹完面霜之后，轻轻用指腹按摩嘴角下面的肌肤，慢慢向上提拉。

3 → 在鼻翼下方容易出现法令纹，首先用食指和中指的力量按压鼻翼两侧，促进局部的血液循环。

4 → 然后慢慢向脸颊提拉，以减少法令纹的出现。

5 → 将指腹放在眼球下方处，这里有一个承泣穴，循环按摩一下，可促进脸部新陈代谢。

6 ⟶ 按摩过后，利用掌心之力，轻轻拍打按摩一下。

8 ⟶ 这种按摩手法可以有效减少抬头纹的出现。

7 ⟶ 再把指腹放到两眉中心点，从中间向两眉尾按摩数次。

★ 防晒，妆前护肤最关键的一步 ★

开·运·指·点

防晒工作没做好，皮肤有点黑还有暗沉的情况，细纹也比别人多好几条，是不是让你觉得有点泄气呢？这些都跟肌肤防晒保养息息相关。防晒工作做好之后，也就不担心肌肤晒黑老化的问题，还能帮自己制造好运气。

防晒秘笈

如果没能做好防晒工作，
阳光中的紫外线就会毫无保留地投向肌肤，而它是令肌肤变黑、提前衰老的元凶。因此，白天涂抹完面霜之后，再擦涂一层防晒霜是非常关键的。
此外，还需要知道一些常见的防晒误区。

1
涂抹了防晒霜就可以出门

防晒霜中的有效成分到达肌肤真皮层，大概要20分钟时间，也就是说，只有20分钟后，防晒霜才能真正起到效果。如果马上就要出门，最好提前涂抹防晒霜。

2
防晒系数越高越好

通常情况下，使用防晒系数在SPF30的防晒霜就可以了。防晒系数越高，意味着添加了越多的防腐剂，对肌肤的刺激也就越大。

3
一天涂抹一次防晒霜就好

防晒产品在涂抹几个小时后，随着汗水等物质的稀释，防晒效果也会打折，这时就应该及时补涂才能获得应有的防晒效果。

4
只需在夏季涂抹防晒霜

很多女性觉得夏季阳光强烈，紫外线强度高，是最应该涂抹防晒霜的季节。其实，紫外线并不是根据阳光强烈与否判断的，即便是在阴天也可能有很强烈的紫外线伤害。

5
物理防晒和化学防晒没区别

物理防晒主要是指添加了一些反射光的微小粒子，将紫外线反射出去；而化学防晒则是添加了可以吸收特定波长的紫外线吸收剂，将光能转化为其他的能量。很难说哪一种防晒效果更好，这主要取决于紫外线的强度，以及肌肤的耐受力。

6
防晒产品不用换

防晒产品对光都非常敏感，如果长时间搁置，不注意贮藏，就会让里面的紫外线吸收剂提前分解，造成损失，而影响最终的使用效果。因此，防晒产品最好能够每年都更换一下。在贮藏时，应放在抽屉里或者不透光的容器内为佳。

防·晒·霜·涂·抹·步·骤

1 → 将防晒霜按压在虎口处，这样可以很好地调整用量，而不会造成涂抹不均匀的情况。

玉兰油多效修护防晒霜

2 → 然后分别将防晒霜点擦在脸颊、额头、鼻子、下巴等部位。

3 → 涂抹时，先顺时针按摩一下，再轻轻点擦，这样有助于吸收。

4 → 脸部涂抹完毕之后，也不要忘记脖子，取适当的用量，由下往上涂抹在脖子上。

5 → 脖子的后方以及耳背等处，也会直接接触到阳光，因此在涂抹时也不能忽视。

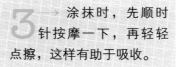

★ 点擦隔离霜，打造肌肤完美防护层 ★

开·运·指·点

涂抹上隔离霜之后再描画彩妆，不仅肤色会变得更均匀，还能隔绝彩妆伤害，更有利于折射光线，展现肌肤的光泽感，人生的运转气势都会改变。反之，肌肤就好像差了最后一层"外衣"，又怎么能靠彩妆开运呢？

自然堂雪润皙
白今重隔离霜

滋养秘笈

隔离霜可以铸就肌肤和彩妆之间的保护屏，它能够隔离空气中的灰尘、彩妆，还能有效调整肤色，更有利于底妆的效果，也是基础保养的最后一道功课。虽然市面上隔离霜的种类非常多，但只要细心寻找，你总能找到适合自己肤质的隔离霜。

保湿&控油&温和

肤质不同，在隔离霜的选择上也有较大的区别，一般干性肤质由于比较干燥，时间长了粉底容易结块，因此就要选择保湿性隔离霜；而油性肌肤爱出油，时间长了会使粉底的颜色变得暗沉，宜选择控油的隔离霜；敏感肤质角质层较薄，需要配方温和、少香料的隔离霜。

颜色之分

不同的肤色应对应选择不同色系的隔离霜：

对于肤色较好的女性，可以选择自然色的隔离产品，以令皮肤的透明度增加。如果肤色有黄黄的感觉，可擦涂紫色隔离霜，它是黄色肌肤最自然的互补修饰色，能修正偏黄、暗沉肤色，使肤色均匀。

对于肤色较深的女性，选用象牙白的隔离霜，能让肤色更加匀称。对于容易泛红的肌肤，绿色隔离霜能起到色彩学上的互补，把红色做到最大力度的修正，立即去除肌肤的红血丝和瑕疵。对于苍白的肤色，可使用偏粉色的隔离产品，能令皮肤白中透出健康的红润气色。

✌ 涂·抹·步·骤

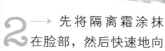
嘴角暗沉处可以多涂抹一点！

2 → 先将隔离霜涂抹在脸部，然后快速地向周围涂抹开来。

1 → 隔离霜挥发得很快，因此不适宜一开始都点到脸上，而应先取适量隔离霜在虎口处。

3 → 接着涂抹在下巴、额头、鼻梁等部位，如果觉得有肤色暗沉处，可以多涂抹一点。

可爱女生
隔离霜妆前乳

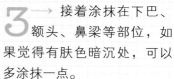

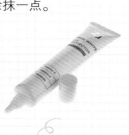

姬芮新能真皙美
白隔离霜

4 → 涂抹完毕后，用海绵粉扑轻轻按压，可以让其更贴合肌肤。

恒采保湿净肌隔离霜

5 → 毛孔粗大的地方，可以增加用量再用海绵粉扑按压一下，有很好的修饰效果。

＊ ＊ ＊ ＊ ＊ ＊ ＊ ＊ ＊ ＊ ＊ ＊ ＊ ＊ ＊ ＊

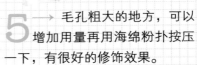
轻轻贴合脸部肌肤！

6 → 用手掌轻轻贴合脸部肌肤，可以让隔离霜充分渗透。

ESTÉE LAUDER
Skin Defender
Multi-Assault Protector
SPF 30/PA++

雅诗兰黛全日防护复合隔离霜

7 → 最后检查一下脸部肌肤，如果脸上还有肤色不均或者小瑕疵的地方，可再涂抹一点隔离霜遮盖一下。

★ 清洁无残留，卸妆步骤一二三 ★

开·运·指·点

　　美丽的妆感、令人惊喜的开运效果都是建立在清透素肌之上，虽然在日常保养中，用洁面产品做好基本清洁工作已经得到大家的共识，但是在妆后进行完全无残留的彩妆卸除也非常关键，这些都是清透美肌的必修课。

选 购 秘 笈

　　享受着彩妆带来的绝美容颜之时，回到家中更要掌握完美的卸妆技巧，只有正确地卸妆以及掌握一些卸妆的小技巧，才能让肌肤在临睡前完全脱离彩妆残留，让肌肤干干净净。

1 正确的卸妆步骤

虽然从某种程度上来说，卸妆也是可以根据自己的需要和喜好来操作的，但是这种随心所欲的卸妆方式，往往会给肌肤带来"二次伤害"。正确的卸妆顺序应该是先卸除局部的眼妆和唇妆，然后再卸除整个脸部的底妆。

2 卸妆产品使用方式各不同

如水油分离的卸妆液，使用前要先充分摇匀；卸妆油一定要等脸上出现乳化的痕迹后才能冲洗；卸妆水的力度相对较弱一些，只能卸除淡妆或不防水的彩妆。

3 卸妆之后务必清洁

一般卸妆产品中的油脂成分都还是比较大的，也就是说，在卸妆之后还应用洁面产品清洗一下，这样才能洗掉卸妆产品中的油分，让肌肤获得真正的干净。

眼·部·卸·妆

1 → 先用化妆棉蘸取眼部专用卸妆液，然后把化妆棉轻轻按压在眼部停留5秒钟。

2 → 让眼妆产品与卸妆液充分融合后，采用左右、上下的方式，擦拭眼部的妆容。

3 → 接下来卸除睫毛膏，卸除时需在上面垫一层化妆棉，再用棉签蘸取卸妆液，仔细地卸除。

4 → 在卸除下眼妆的时候，眼睛最好往上看，折叠好的卸妆棉贴着下眼皮按"Z"字形方式轻轻擦拭。

5 → 如有眼影残留，需用棉签以同样的方法卸除。

上下眼睑都检查一番！

6 → 最后检查一下上眼睑和下眼睑，消除任何的彩妆残留物质。

唇·部·卸·妆

1 → 用化妆棉蘸取唇部卸妆液，然后轻轻贴于唇部，保持5秒钟。

欧莱雅轻柔唇部及眼部卸妆液

2 → 然后用从左往右的方式擦拭唇膏或唇彩里面的油脂。

擦拭的时候宜竖着拿棉签！

3 → 擦拭的动作要轻柔，以免伤害到唇部的肌肤。

4 → 用棉签蘸取卸妆液，将夹在唇纹之中的残红卸除干净。

5 → 擦拭的时候宜竖着拿棉签，这样擦拭一点就可以把棉签转一个面，而不会晕染到其他的位置。

❤ 脸·部·卸·妆

2 → 用中指和无名指以"Z"字形的方式，在脸颊上按摩，这样可以有效防止毛孔被堵塞。

1 → 在脸上涂抹卸妆产品之后，从脸部中心往外侧涂抹，注意手指要以圆打圈。

3 → 慢慢按摩至下巴处，再从下往上进行推进式的按摩，你就能渐渐看到底妆乳化的痕迹了。

内侧往外侧用画圈的方式按摩！

柏卡姿杏仁苹果卸妆水

4 → 用中指和无名指从脸的内侧往外侧用画圈的方式按摩，按摩至眼周围肌肤时，要轻一点。

5 → 最后用食指和中指从下巴斜着插进耳朵根部，卸掉边缘处的粉底。

★ 六步去角质，塑造水晶肌 ★

开·运·指·点

肌肤看起来很晦暗，不够透亮，用手触摸一下还有些许粗糙，平时也没有去角质的习惯……你有没有想过，正是由于在护肤上的懒惰，好运气也被这些厚厚的角质挡住了呢？赶快勤快起来，清除掉这些不利的因素吧。

雅漾去角质
净柔磨砂凝胶

补水秘笈

角质就是肌肤在不断代谢的过程中产生的死皮。

如果角质堆积得过厚，肌肤就会看起来不通透，也吸收不到一些保养产品带来的营养，从而慢慢失去光泽。因此，在完成了基本的保养功课之后，定期去角质也是不能忽视的保养秘笈。

去角质周期	⊚ 去角质是必须要进行的保养工作，但其周期并不是恒定不变的。如果你的肤质特别好，摸起来滑溜溜的，看起来很白嫩，可以每两周去一次角质；但是如果你皮肤暗黄发黑，则建议每周去除一次。当然，有时候还应根据自己的年龄和季节来定，如果时间安排得太密集，则可能对肌肤造成不良刺激。
什么时候去角质	⊚ 从保养的角度上讲，去角质最好在清洁完脸部之后，在脸部还保有一定的水分时进行。
去角质的力度	⊚ 去完角质后，肌肤会变得非常细滑，很多女生为了达到这个效果而在涂抹去角质磨砂膏时用力过大，实际上这种做法并不正确。去角质时力度应该轻柔一点为佳，采取画圈、由里到外、由下到上的方向，慢慢地推滑。

去·角·质·步·骤

2 → 将磨砂膏分别点涂于额头、鼻头、脸颊、下巴等部位。

3 → 点在额头上后，可以由里向外进行循环按摩。

1 → 做好手部和脸部的清洁工作之后，取适量的磨砂膏准备涂抹。

5 → 然后是下巴以及嘴角处，顺着毛孔生长的方向从下往上、由里向外按摩。

4 → 接着移至脸颊，采用画圈的方式由里向外慢慢按摩，以去除脸部的粗糙角质。

6 → 最后用温水反复冲洗脸部，并及时做好补水、滋润工作，以呵护肌肤。